疯狂STEM

KEY CONCEPTS IN

STEM

PHYSICS

物　理

U0183806

电和电子
ELECTRICITY AND ELECTRONICS

英国 Brown Bear Books　著

戚　竞　译

電子工業出版社·
Publishing House of Electronics Industry
北京 · BEIJING

Original Title: PHYSICS: ELECTRICITY AND ELECTRONICS

Copyright © 2020 Brown Bear Books Ltd

BROWN BEAR BOOKS

Devised and produced by Brown Bear Books Ltd,

Unit 1/D, Leroy House, 436 Essex Road, London

N1 3QP, United Kingdom

Chinese Simplified Character rights arranged through Media Solutions Ltd Tokyo

Japan (info@mediasolutions.jp)

本书中文简体版专有出版权授予电子工业出版社。未经许可，不得以任何方式复制或抄袭本书的任何部分。

版权贸易合同登记号　图字：01-2022-5672

图书在版编目（CIP）数据

电和电子 / 英国 Brown Bear Books 著；戚竞译 . —北京：电子工业出版社，2023.1
（疯狂 STEM. 物理）
ISBN 978-7-121-35658-2

Ⅰ . ①电… Ⅱ . ①英… ②戚… Ⅲ . ①电—青少年读物 ②电子—青少年读物 Ⅳ . ①O441.1-49 ②O572.32-49

中国版本图书馆 CIP 数据核字（2022）第 208923 号

责任编辑：郭景瑶
文字编辑：刘　晓
印　　刷：北京利丰雅高长城印刷有限公司
装　　订：北京利丰雅高长城印刷有限公司
出版发行：电子工业出版社
　　　　　北京市海淀区万寿路 173 信箱　邮编：100036
开　　本：787×1092　1/16　印张：20　字数：608 千字
版　　次：2023 年 1 月第 1 版
印　　次：2023 年 1 月第 1 次印刷
定　　价：188.00 元（全 5 册）

凡所购买电子工业出版社图书有缺损问题，请向购买书店调换。若书店售缺，请与本社发行部联系，联系及邮购电话：(010) 88254888，88258888。

质量投诉请发邮件至 zlts@phei.com.cn，盗版侵权举报请发邮件至 dbqq@phei.com.cn。

本书咨询联系方式：(010) 88254210，influence@phei.com.cn，微信号：yingxianglibook。

"疯狂STEM"丛书简介

STEM 是科学（Science）、技术（Technology）、工程（Engineering）、数学（Mathematics）四门学科英文首字母的缩写。STEM 教育就是将科学、技术、工程和数学进行跨学科融合，让孩子们通过项目探究和动手实践，以富有创造性的方式进行学习。

本丛书立足 STEM 教育理念，从五个主要领域（物理、化学、生物、工程和技术、数学）出发，探索 23 个子领域，努力做到全方位、多学科的知识融会贯通，培养孩子们的科学素养，提升孩子们实际动手和解决问题的能力，将科学和理性融于生活。

从神秘的物质世界、奇妙的化学元素、不可思议的微观粒子、令人震撼的生命体到浩瀚的宇宙、唯美的数学、日新月异的技术……本丛书带领孩子们穿越人类认知的历史，沿着时间轴，用科学的眼光看待一切，了解我们赖以生存的世界是如何运转的。

本丛书精美的文字、易读的文风、丰富的信息图、珍贵的照片，让孩子们仿佛置身于浩瀚的科学图书馆。小到小学生，大到高中生，这套书会伴随孩子们成长。

空旷的原子

整个现代电子学建立在微观粒子的基石上——这种微观粒子就是存在于所有元素原子中的电子。

19世纪末，大多数物理学家相信，化学元素以原子的形式存在，并且原子是组成物质的最小单位。不过，人们对原子的内部结构知之甚少。

英国物理学家威廉·克鲁克斯（William Crookes，1832—1919）发明的克鲁克斯管使人们首次窥见原子的内部结构。克鲁克斯管是一个玻璃管，其内部气压可以降到正常气压的约千分之一，两端电极分别伸入管子两端。当在两个电极上施加一个高电压时，管内的低压气体便会呈现出彩色的光带。随着管内气压和两端电极上电压的变化，光带以复杂的方式发生变化。克鲁克斯证实了这些光带是由一些从负电极（阴极）

向正电极（阳极）运动的物质造成的，他将这些神秘的射线流命名为"阴极射线"。

另一位英国物理学家约瑟夫·汤姆生（Joseph John Thomson，1856—1940）在克鲁克斯管上施加了电场和磁场。他发现，这些阴极射线由带负电的相同粒子组成。不论管子里装的是什么气体，产生的阴极射线都是一样的，而且它们似乎比最轻的原子（氢原子）还要轻得多。汤姆生声称这些粒子都是原子的碎片，并根据希腊语中 elektron 一词将这种粒子命名为"电子"（electrons），其原意是"琥珀"（静电最先是通过摩擦琥珀生成的）。

阴极射线由阴极产生的电子组成，这些电子从阴极流向阳极。在这个过程中，它们与管内的气体原子发生碰撞，并从这些原

电子

原子中带负电荷的电子围绕着带正电荷的原子核运动，原子中大部分是空旷的空间。下图中是一个碳原子，它有6个电子。

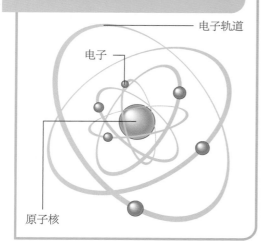

电子轨道

电子

原子核

原子的中心

欧内斯特·卢瑟福（Ernest Rutherford，1871—1937）用带正电荷的阿尔法粒子（α粒子）轰击一片薄薄的金箔。大多数α粒子直接通过了，极少部分的α粒子发生了大幅度偏移，这表明它们被原子内部带正电荷的核心（原子核）弹开了。

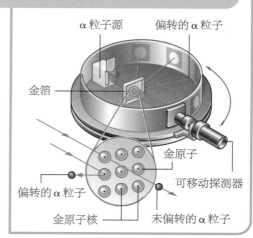

α粒子源　　偏转的α粒子

金箔

金原子

偏转的α粒子　　可移动探测器

金原子核　　未偏转的α粒子

子中碰撞出更多的电子来。

如果呈电中性的原子内含有带负电荷的电子，原子内就必然存在等量的正电荷来平衡电子的负电荷。那么，原子内部的电子和正电荷是如何排列的呢？

深入原子

1911年，物理学家欧内斯特·卢瑟福对原子进行了更深入的研究。他使用了具有放射性的 α 粒子，即氦原子失去电子后带正电荷的氦原子核。卢瑟福用这些 α 粒子轰击一片很薄的金箔，结果大多数 α 粒子直接通过了，但有一小部分 α 粒子发生了偏移，其中有极小一部分偏移得非常厉害，几乎是 180° 反弹回来的。卢瑟福认为，这一现象的唯一合理解释就是原子内的正电荷应当集中在原子中心的一个极小的核中。

大多数 α 粒子直接穿过了原子内部的空旷空间，但有部分 α 粒子非常靠近原子核，被原子核的正电荷排斥，因此反弹了回来。原子核的直径被证明是原子直径的约万分之一，原子中的电子在原子的外层空间中运动——相对而言，这确实是一个巨大的空间。

小实验

原子的尺寸

电子学必然涉及电子，而电子来自原子。原子由中心的原子核和围绕原子核运动的一个或多个电子组成。在这个实验中，你将制作一个简单原子的比例模型。

实验步骤

最简单的原子是氢原子，它有一个由一个质子组成的原子核和一个围绕原子核运动的电子。在这个比例模型中，我们用一个网球来代表原子核，用一粒豌豆来代表电子。网球和豌豆的大小比例与氢原子中原子核和电子的大小比例是类似的，由此你可以感受到电子有多小。那么，氢原子到底有多大呢？

去户外的网球场或类似大小的场地，把网球放在网球场的一角，豌豆放在网球的斜对角。如果你没有合适的场地，可以把豌豆放在离网球大约25米远的地方，这个距离同质子与电子的距离是等比例的。你可以看到，氢原子内部大部分是空旷的空间，并且其他元素的原子也是这样的。现在你可以拿着网球，并让一个朋友拿着豌豆绕着你跑出一个直径约50米的大圆圈，这就是电子在氢原子中围绕原子核的运动范围。

这一氢原子的网球场比例模型大致是等比例的，它证明了原子内部大部分是空旷的空间。

难寻的电子

电子被发现后，人们又设计了各种巧妙的实验来揭示电子的特征。人们发现，电子几乎是所有物质特征的根本来源，而当电子脱离原子时，电子的集体流动便会产生电流。

威廉·克鲁克斯用克鲁克斯管进行了实验，证明了阴极射线是由某种物质从负电极移动到正电极而产生的，同时也证明了这种物质能够对其运动路径上的障碍物施加压力。约瑟夫·汤姆生表示，这些物质可能极为微小。

美国物理学家罗伯特·密立根（Robert A. Millikan，1868—1953）在 1909 年测量了

威廉·克鲁克斯

1897年，威廉·克鲁克斯因对阴极射线的开创性研究获得骑士爵位。当他1919年逝世时，阴极射线已经被用于显示粗糙的图像。之后的几年内，阴极射线成为一种全新的传媒形式（电视）的基础。克鲁克斯管也被用作最早的 X 射线源之一。克鲁克斯还发明并改进了从甜菜中制糖、给纺织品染色、从矿石中提取金银的方法，并向公众宣传使用电灯照明的益处。1861年，他从新的未知谱线中发现了金属铊（Tl），并继续对其进行了深入研究。

克鲁克斯管

克鲁克斯管使用一个抽气泵来降低玻璃管内的气压。当在两个电极（阴极和阳极）上施加高电压时，带负电荷的粒子便会从阴极向阳极运动。这些阴极射线穿过管内空间并击中管的另一端，使其发光。如果在其运动路径上设置障碍物，阴极射线就会在管的另一端投下阴影。图中的克鲁克斯管使用了一块马耳他十字形锡片作为障碍物，所以投下的阴影是十字形的。

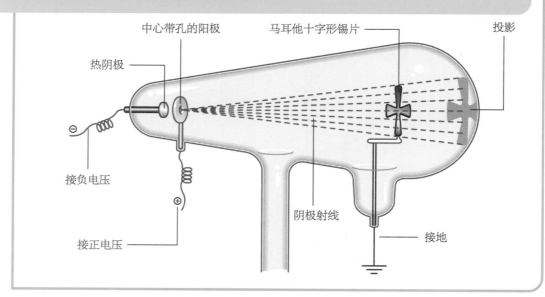

热阴极　中心带孔的阳极　马耳他十字形锡片　投影
接负电压
接正电压
阴极射线　接地

电子的电荷，证实了这些猜想。当同汤姆生早期的实验测量结果进行交叉比对后，密立根意识到：电子的质量大约是氢原子质量的千分之一。

如此，物理学家终于理解电流是什么了，电流是由从原子中挣脱出来、沿着导线或在空间中集体运动的电子产生的。当这些电子撞击其他原子时，电流就产生了热量。若电子产生的热量足够多，材料的温度就会上升，直至材料发光，这就是钨丝通电发光的原理。

原子结构

欧内斯特·卢瑟福的实验（参见第6~7页）表明，原子的外部空间被电子占据，而原子的中心是原子核。科学家很自然地认为，原子就像一个微型的太阳系，电子就像围绕太阳运行的行星一样围绕着中心的原子核运行。电子被固定在某个位置不是由于重力，而是由于原子核的正电荷与电子的负电荷之间的吸引力。然而，这个模型有一个致命的问题：根据当时的理论，在原子内部，像这样做圆周运动的电子不能保持长期稳定，当电子稍受扰动而螺旋靠近原子核时，电子会在短暂的电磁辐射爆发中释放出它们

科学词汇

克鲁克斯管： 一种产生阴极射线的早期实验真空管。

电磁辐射： 电磁场能量以波的形式向周围空间发射电磁波的现象。

量子理论： 一种基于光是发出的一份份独立能量包——量子（也称"光子"）的理论。

电子的压力

克鲁克斯管也可以被用来做另一种演示实验：在克鲁克斯管内部放置一个可以自由旋转的叶片，当接通高压电源后，叶片被阴极射线左右推动，直到最后与阴极射线流平行。这个实验表明，阴极射线是一种粒子而不是波。

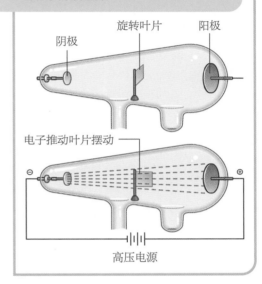

所有的能量，导致所有原子都会在不到一秒的时间内坍缩。

1912年，丹麦物理学家尼尔斯·波尔（Niels Bohr，1885—1962）提出，电子只占据一定的轨道，且每个轨道都有自己固定的能量，在这些轨道之间移动的唯一办法就是从一个轨道跳到另一个轨道，并以电磁辐射的形式释放或吸收与两轨道的能量差相对应的固定能量。因为原子的最低能级充满了电子，所以原子不会坍缩。

波尔的这种原子模型使得科学家逐渐发展起现代物理学的基础——量子理论。

静电

电是现代生活的必需品之一，它提供了光、热，使人类实现了远距离通信，甚至远古时期的人类也知道电的存在：一种被称为"静电"的电——电荷在物体上积聚时所产生的电。

静电的"静"就是静止的意思，而静电表示的就是静止不动的电荷。2500多年前，古希腊科学家米利都的泰勒斯（Thales of Miletus，公元前624年—公元前546年）发现，当用一块布摩擦一块琥珀后，琥珀就可以吸起小纸片，就像磁铁吸起大头针一样。17世纪的科学家开始研究这种神奇的效应，他们从希腊单词 elektron 中创造了 electron（电子）和 electricity（电）两个词。但是，到底什么是静电？它又从何而来？就像物理学中的许多其他问题一样，答案需要到原子内部找寻。

科学词汇

电荷： 构成原子核的质子和中子，以及核外的电子的一种属性。电荷有正电荷和负电荷两种，同种电荷相斥，异种电荷相吸。

原子核： 原子的中心部分，由质子和中子组成。

静电： 已经失去或获得电子的物体上的静止电荷。

原子中的电

原子由中心的原子核及围绕原子核运动的一个或多个电子组成。原子核带正电荷，平衡了电子所带的负电荷，所以原子作为一个整体是不显电性的。但是，当你用一块布摩擦塑料尺时，塑料尺原子中的一些电子会在摩擦过程中"蹭"到布的原子上，结

用塑料梳子梳头20次左右，梳子就会带上负电荷，带正电的头发就会一根根竖起来，还会噼啪作响。

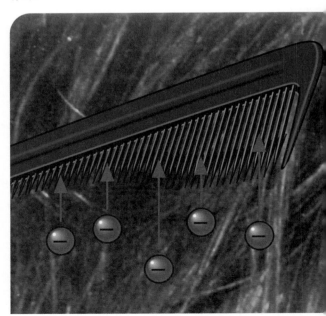

"偷走"电子

静电由两种不导电的材料接触产生，虽然都不导电，但它们在一起摩擦时会产生静电。如图用布摩擦塑料尺，因为电子从塑料尺转移到了布上，所以布带上了负电荷，塑料尺带上了正电荷。

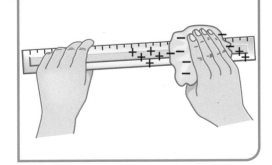

果塑料尺带上了正电荷（因为其负电荷减少了），而布带上了负电荷（因为它获得了额外的电子）。

制造火花

电荷转移（起电）过程是通过摩擦实现的。你也许已经见识过了静电：当你走过尼龙地毯后，如果用手触摸金属物体（如暖气片或金属扶手），你就可能会感受到轻微的电击；如果在气候干燥的日子把毛衣从头上脱下，你就可能会听到小电火花的噼啪声；如果在黑暗的房间里脱毛衣，你甚至还能看到蓝色的火花；如果你拿着一个气球在你的衣服上用力摩擦，气球就会带电，并且可以贴在墙上，这种带电的气球还可以让人的头发一根根竖起来。

电荷的种类

电荷的正负取决于摩擦的材料。21世纪10年代的一项科学研究表明，一些带静电的物体可以同时包含带正电荷的区域和带负电荷的区域，每个物体所带电荷的总百分比导致了这些物体间的相互作用。一般来说，摩擦会使电子从一种材料转移到另一种材料上，从而使两种材料都带电，失去电子的材料会带正电荷，而获得电子的材料会带负电荷。人们已经发现，用一块布摩擦塑料会使塑料带上正电荷，用一块丝绸摩擦玻璃棒会使玻璃棒带上正电荷，而如果用硬橡胶棒与毛皮摩擦，则会使硬橡胶棒带上负电荷。

重要的是，在上面所说的所有例子中，电都不是凭空制造出来的，电原本就存在于材料的原子中。

小实验

吸引物体的塑料

静电是静止不动的电荷。通过一些日常用品，你可以研究带电物体的部分特性。

实验步骤

取一张约25厘米×7.5厘米的纸巾，用剪刀把纸巾剪成带状的长条形，但不要完全剪断，使其根部仍然相连（如下图所示）。一只手拿着这张纸巾，另一只手拿着梳子在头发上快速梳几次，然后将梳子的齿尖部移向纸巾的条带末端（但不要碰到），你会看到纸巾的条带末端被梳子吸引过去了。

用梳子梳头发会产生带负电荷的静电，当你把梳子靠近纸巾条带时，梳子就会使纸巾条带末端带上正电荷，由于正负电荷会相互吸引，因此纸巾条带会被吸向梳子。

带电的梳子会吸引纸巾条带末端。

吸引与排斥

静电有正负两种电性。我们可以通过给物体起电并观察它们之间的吸引或排斥作用来判断电性。但有一点很快就被人们所熟知：一些电荷会相互吸引，而另一些电荷则会相互排斥。

摩擦可以使塑料尺和梳子等物体带上电荷，这一过程被称为"摩擦起电"。一个带电物体（如尺子）可以用来给另一个物体起电。想象一下，把一个塑料小球（如聚苯乙烯泡沫球）用一根绳子悬挂起来，然后用一块布摩擦塑料尺使塑料尺带正电荷，拿起塑料尺轻碰塑料球，尺子自身的正电荷就会转移到塑料球上，使塑料球也带上了正电荷。类似地，摩擦毛皮的橡胶棒会带负电荷，用该橡胶棒轻碰挂在一根绳子上的塑料球会使塑料球带上负电荷。

在以上两种情况下，带了电的塑料球会远离给它起电的物体——带正电的塑料球被带正电的塑料尺排斥，而带负电的塑料球则被带负电的橡胶棒排斥。

同种电荷与异种电荷

电荷之间的相互吸引与排斥可以用另一个简单的实验来演示。想象一下，现在把两个聚苯乙烯泡沫小球悬挂起来并让它们相互靠近。如果其中一个小球带负电荷而另一个带正电荷，你认为会发生什么？答案在下一页右侧图表的（a）图中：两个小球相互吸引并向对方的方向摆动。这个实验证明了异种电荷之间是相互吸引的。

现在想象一下，让两个小球带上相同的正电荷，会发生什么？这一次，两个小球相互排斥并远离对方运动，这表明两个正电

范德格拉夫起电机（Van de Graaff generator，简称"范氏起电机"）是一种用来产生静电的装置。当顶部的金属球开始起电时，其上的电荷就会传递给接触它的人，接触者的头皮毛囊和头发便以同样的方式起电，同种电荷相互排斥，头发便会一根根竖起来。

荷会相互排斥。如果让两个小球带上相同的负电荷，结果也是一样的：两个小球相互排斥并远离，说明两个负电荷也会相互排斥。事实上，同种电荷之间总是相互排斥的。用一句话来总结概括就是：异种电荷相互吸引，同种电荷相互排斥。

这些实验证实了静电有正电和负电两种，也解释了带电梳子是如何吸住小纸片

的。梳子与头发摩擦会使梳子带上负电荷。把带负电荷的梳子靠近小纸片，梳子就会排斥小纸片上的一些负电荷（同种电荷相互排斥），这就使得离梳子最近的纸片上只留下了正电荷，而异种电荷相互吸引，所以梳子会把小纸片吸起来。

生活中的一些实用装置正是利用电荷之间的吸引力和排斥力工作的，如静电喷涂机和相片复印机。

移动的力

物理学的一个基本定律是：使物体运动或使物体停止运动的唯一方法就是给物体施加力，比如，重力使苹果从树上掉到

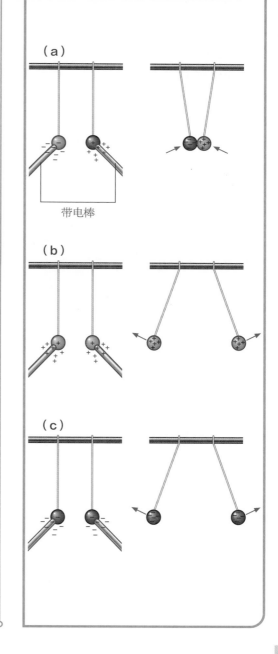

吸引还是排斥

两个带异种电荷的小球相互吸引（**图a**）。两个都带正电荷（**图b**）或都带负电荷（**图c**）的小球相互排斥。结论：异种电荷相互吸引，同种电荷相互排斥。

(a)

带电棒

(b)

(c)

地上。那么，是什么力使带电物体相互靠近或远离的呢？这种力一定是一个与电相关的力。

我们可以重复第13页所展示的三个实验，这次尝试使用较大或较小的电荷并观察效果，也可以把带电小球挂得更近或更远并观察效果。其实，这些实验早在1785年就被法国物理学家夏尔·奥古斯丁·德·库仑（Charles-Augustin de Coulomb，1736—1806）做过了。库仑发现，两电荷间相互作用力的大小取决于两电荷电量大小的乘积（一个电荷的电荷量大小乘以另一个电荷的电荷量大小）。他还发现，当两个电荷靠得更近时，其相互作用力更强。从数学计

科学词汇

电荷守恒：在孤立系统中，总电荷量保持不变。

库仑（C）：国际单位制（SI）下的电荷量单位。

库仑定律：两个电荷之间的作用力与电荷量的乘积成正比，与电荷之间距离的平方成反比。换句话说，电荷量越大，力就越大；而电荷之间的距离越远，力就越小。

算上讲，电荷之间相互作用力的大小正比于两电荷间距离平方的倒数（1除以距离的平方）。

库仑定律完整地阐述了电荷量和距离这两种影响因素，其表达式为：

$$F = k\frac{Q_1 \times Q_2}{d^2}$$

F是力，Q_1和Q_2是电荷量，d是它们之间的距离，k是一个常量，其值取决于介质材料——例如，电荷在空气中还是在真空中。这个著名的方程正是平方反比定律（力与距离的平方成反比）的一个例子。物理学中还有其他几个著名的平方反比定律，如万有引力定律等。

库仑定律

根据库仑定律，电荷量越大，它们之间的作用力就越大（**图a**），并且作用力的大小也取决于电荷之间的距离（**图b**），用公式表述为（**图c**）。

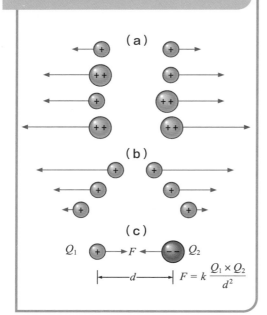

大小与方向

同所有的力一样，电荷之间的力也是一个矢量，这就意味着它有特定的大小（强度）和方向。在前面所描述的实验中，力的作用方向总是沿着两个电荷的连线方向。但是，如果有三个或三个以上的电荷，要确定力的作用方向就有点复杂了。

除了库仑定律，库仑还以自己的名字命名了电荷量的单位，"库仑"是一个非常大的单位。实际上，1 库仑约等于 6.24×10^{18} 个电子的电荷量。相距约 1 米的两个 1 库仑电荷之间的作用力足足有 90 亿牛顿！生产实践中能产生的最大电荷量与 1 库仑电荷量相比简直是九牛一毛。

库仑定律告诉我们，当电荷量非常小，且两个电荷处于不是非常近的距离时，电荷之间的吸引力或排斥力也非常小。这就是带电梳子只能吸起小纸片的原因。但是，如果电荷相距非常近（库仑定律方程中的距离 d 非常小），那么距离的平方 d^2 就会变得更加小。这种平方反比的特性在原子内部极为重要：原子核带正电荷，而电子带负电荷，由于原子核和电子离得非常近，因此它们之间的相互吸引力也非常大。正是这种力使原子核和电子稳固地结合在一起。这种力在分子结构中也至关重要，它使得离子固定在晶体内部结构中特定的位置上。

我们已经知道如何通过摩擦给物体起电：摩擦作用使得一些电子进入或离开物体，使物体带上负电荷或正电荷。用这种方法分离或者合并电荷并不改变电荷量的大小，即总的净电荷量保持不变。在孤立系统中，净电荷量总是保持恒定的。用科学术语来说，这就是电荷守恒定律。

小实验

爱恨关系

这个实验展示了同种电荷是如何相互排斥的。

实验步骤

吹起两个气球并把它们扎起来，用记号笔在气球上分别标记上 "＋" 和 "－"（正和负的符号），然后用绳子将两个气球绑在门框上悬挂起来，且两者中间留有一定距离，如下图所示。

将其中一个气球在你的头发或衣物上轻轻摩擦约 20 次，小心地放手并观察会发生什么。摩擦使气球带上负电荷，带负电荷的气球使另一个气球带上正电荷，两者互相吸引，它们会像久别重逢的老朋友一样一起摇摆。

用手握住两个气球一段时间使二者失去电荷，再用其中一个气球在头发或衣物上摩擦，并请一位朋友重复上述操作。放开两个气球，观察现在会发生什么。你会发现两个气球突然朝相反方向运动，这是因为两个气球都带有相同的负电荷，而同种电荷相斥，此时你可以把气球上的 ＋ 划掉，改成 －。

吸引

排斥

探测电荷

不导电的材料（电绝缘材料）可以摩擦起电，但我们如何得知它的起电时间呢？我们又该如何判断它带的到底是正电荷还是负电荷？最好的办法是使用一种叫作"验电器"的装置，它由一对可以积聚电荷的金箔组成。

18世纪80年代末第一台验电器投入使用以来，它的设计几乎没有发生过改变。最简单的验电器由一根金属棒和下端附着的两片薄薄的金箔组成，金属棒的上端有一个金属盘，金属棒穿过一块橡胶或塑料，与验电器的金属外壳隔开。

给验电器起电最简单的方法是拿一个带电的物体触碰验电器上方的金属盘，这种起电方式叫作"接触起电"。带负电荷的物体会使金箔带上负电荷，而带正电荷的物体会使金箔带上正电荷。不论使金箔带上正电荷还是负电荷，两片金箔都带有相同的电荷，又因为同种电荷相斥，所以两片金箔会

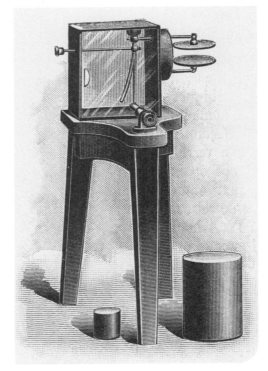

法国科学家皮埃尔·居里（Pierre Curie，1857—1906）和他的夫人玛丽·居里（Marie Curie，1867—1934）使用这个装置来探测物体的放射性。这是一个装有显微镜的金箔验电器，可以检测金箔最细微的运动。

感应起电

我们可以在不接触金属盘的情况下给验电器起电：用一根带电荷的塑料棒靠近金属盘（**图a**）而不接触它，金箔分开了。此时用手指触碰金属盘，金箔上的电子便会经由人体传导至大地，因此金箔就会再次垂下。正电荷仍然积聚在金属盘上，当塑料棒移开后，正电荷扩散到金箔上（**图b**），使得金箔再次分开。

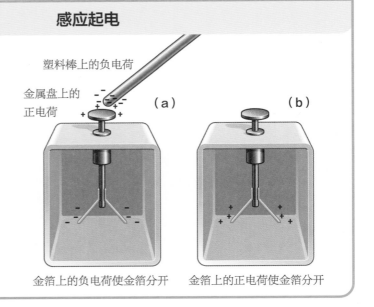

塑料棒上的负电荷

金属盘上的正电荷

（a）

（b）

金箔上的负电荷使金箔分开　　金箔上的正电荷使金箔分开

分开。电荷量越大，金箔分开的距离越远。

感应起电

另一种给验电器起电的方法是感应起电。如果用一个带负电荷的物体靠近但不碰触验电器的金属盘，金属盘上的电子就会被排斥到下方的金箔上，金箔便会带上负电荷从而彼此分开。

此时若用手触碰验电器金属盘，金箔上的电子就会经由人体传导至大地，金箔就会垂下，并在金属盘上留下正电荷。此时若移开带负电荷的物体，正电荷就会从金属盘扩散到金箔上，使得金箔因带有同种电荷而分开。由此，带负电荷的物体便在验电器的金箔上产生了正电荷。类似地，若用带正电荷的物体来做这个实验，则会使金箔感应出负电荷。

小实验

弯曲水流

我们可以用一个简单的实验来演示静电感应作用：调节水龙头使水持续流下，找一个大塑料勺子在衣服上摩擦起电，然后把勺子头靠近水流。勺子上的电荷会在勺子头靠近水流的一侧感应出相反的电荷。异种电荷（勺子和水流的电荷）相互吸引，于是水流便向勺子的方向弯曲。这种原理也被用在回收工厂中的垃圾分拣机上。

正电还是负电

我们现在已经知道如何给验电器的金箔起电了，并且可以知道金箔所带的是正电荷还是负电荷。这样我们就可以用验电器确定

检验电荷

物体上所带的电荷种类可以用带电的验电器来识别，前提是你得知道这个验电器上带的是正电荷还是负电荷。被测物体移至验电器的金属盘附近，若金箔分开得更远（**图a**），则被测物体与验电器带有同种电荷；若金箔开始合拢（**图b**），则被测物体与验电器带有异种电荷。

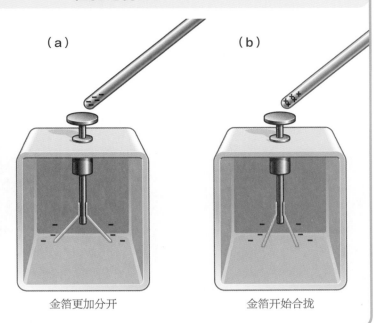

（a） 金箔更加分开　　（b） 金箔开始合拢

检验导体

带电验电器可以用来检验一个物体是绝缘体还是导体。绝缘体（图a）不会带走电荷，因此验电器的金箔不会下垂。导体（图b）会导走电荷，因此金箔会垂下。

树枝（绝缘体）　金属勺（导体）

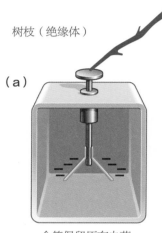（a）　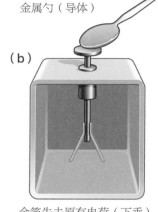（b）

金箔保留原有电荷　金箔失去原有电荷（下垂）

另一个物体上所带电荷的种类（参见第17页"检验电荷"）。假设验电器的金箔带有负电荷，把待测物体拿到验电器的顶部金属盘附近（但不接触），如果观察到两片金箔张开得更大了，那么待测物体所带的是负电荷；如果金箔下垂合拢，那么待测物体所带的电荷是正电荷。但是，探测正电荷最好的方法是将待测物体靠近带有正电荷的验电器金属盘，并观察两片金箔是否张开得更大。

科学词汇

导体：导电（或导热）的材料。

验电器：检测电荷的装置。

静电感应：不带电物体因附近带电物体的感应而产生电荷的现象。

绝缘体：电或热的不良导体，也被称为"非导体"。

导体还是绝缘体

除了判断电荷的正负，验电器还可以提供关于物体的更多信息，比如，该物体是导体还是绝缘体。一种测试的方法就是将该物体触碰带电验电器的金属盘，若它是一个绝缘体，则电荷会留在验电器金箔上，金箔仍会保持分开；若它是导体（如金属），那么它会立即将电荷带走，验电器的金箔会迅速失去电荷并下垂合拢。

所有能通过摩擦产生电荷的材料都是绝缘体，如玻璃、塑料、硬橡胶等。只有绝缘体能保持住电荷，若尝试将一块金属在布或毛皮上摩擦起电，那一定不会成功，导体通常不能摩擦起电。因此无论你多么用力地用金属梳子梳头，你都无法用它吸起小纸片，若你用的是塑料梳子，那你就可以用它成功地吸起小纸片，因为塑料是绝缘体。

电荷分布

任何带电物体的电荷都分布在其外表面，其内部的实心核是不带电的。举例来说：一个带电球体的电荷均匀地分布在球体的整个外表面。因为同种电荷互相排斥，因此这些电荷会四下移动，直到它们之间的距离相等。然而，对于梨形物体而言，其尖头部分单位面积上的电荷要比钝头部分的多。物体越锋利，其携带电荷的密度就越大，能够吸引的电荷也就越多——这就是接闪杆（俗称"避雷针"）的顶端是一个很尖的针的原因。

如果将一个尖头导体放置在带电物体附近，那么它的尖头就会被诱导出与带电物体电荷相反的电荷，但是尖头的这些电荷会迅速向四周释放，结果尖头导体的另一端（钝头）留下了与释放电荷相反的电荷（与带电物体的电荷相同）。通过这种方式，电荷便有效地从带电物体转移到了尖头导体的钝端。尖头物体可以用来收集电荷。正因如此，落满灰尘的导体不会带有任何电荷，因为电荷一定会从表面的灰尘颗粒上释放出去，灰尘颗粒在导体表面表现为相当细小的尖头。

空心带电物体的电荷总是分布在其外表面。150多年前，英国物理学家迈克尔·法拉第（Michael Faraday，1791—1867）设计了一个巧妙的实验来证明这一点。他用导电的线做了一个像渔网一样的金属网袋，然后给金属网袋起电，并检测了网袋内外的电荷。他发现，金属网袋的内部探测不到任何电荷，只有在网袋外部才能探测到电荷。随后，他拉住一根缝在网袋内角的导线，小心地把整个网袋的内面翻出来。法拉第发现，电荷现在位于网袋的外部（原先的内部），

而网袋的内部（原先的外部）则没有任何电荷剩余。

法拉第还做了一个著名的实验来研究感应起电现象。他把一个开盖的金属罐放在验电器的金属盘上（实际上他用了一个冰桶，因此这个实验也被称为"法拉第冰桶实验"）。他把一个带电金属球小心地放入金属罐内部深处而不碰触金属罐，此时验电器的金箔张开了，当把金属球拿出后，验电器的金箔又下垂了。

法拉第重复了这一实验，但不同的是，当验电器的金箔张开时，他让金属球碰触了金属罐的内部，此时验电器的金箔还是张开的。随后，他把金属球完全取出，他发现，球已经完全不带电了，这说明球上原先的电荷被金属罐内部感应出的相反电荷中和了。这个实验也证实了"导体上的电荷完全位于导体的外表面"这一说法。

电荷分布

一个苹果形状的带电物体（图a）的电荷均匀地分布在其外表面，而一个梨形的带电物体（图b）电荷的分布则是不均匀的。梨形物体尖端周围的电荷要比其钝端周围的电荷多，尖头导体甚至可以把附近的带电物体上的电荷吸引过来并中和掉。

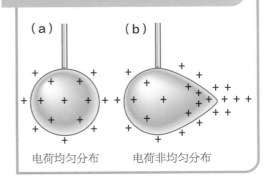

（a）	（b）
电荷均匀分布	电荷非均匀分布

电场

电荷可以影响它附近的其他电荷，这种远距离、非接触的电荷间的相互作用表明，电荷周围必然存在一个向四周延伸的电场——就像磁铁周围存在向四周延伸的磁场一样。

点电荷的电场向四周延伸，电场也是一种力场，也就是说，它会对放置在电场中的其他电荷施加力，这种力可以用电场线（也称"电力线"）来表示。根据科学界的先验共识，电场中任意一点的电场方向被定义为正电荷在该点所受力的方向，因此，电场线从正电荷向外发出，并朝着负电荷汇集。

点电荷电场

正的点电荷（图 a）周围的电场线向着四周各个方向发射，而两个正点电荷之间的电场线（图 b）相互排斥并弯曲成曲线。因为同种电荷相互排斥，所以两个负点电荷间的电场线情况也是一样的。在两个点电荷的中间有一个没有任何电场的电中性点。

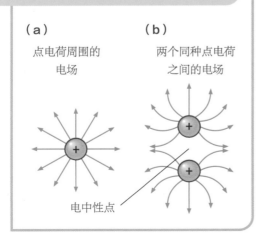

（a）
点电荷周围的电场

（b）
两个同种点电荷之间的电场

电中性点

莱顿瓶是荷兰莱顿大学的科学家于 1746 年发明的，它是世界上最早的电容器。

两个电荷之间的电场性质取决于它们是同种电荷还是异种电荷（分别为正负电荷，或都是正电荷，或都是负电荷）。同种电荷相互排斥，它们之间的电场线相互推开，而异种电荷相互吸引，其电场线是一系列从正电荷指向负电荷的曲线。

物体周围的电场

任何带电物体周围都有电场。梨形带电物体周围的电场是不均匀的，其尖端附近电场强度最高。空心带电物体的内部没有电场（因为其内部没有电荷），其外部电场集

科学词汇

电容器：一种能储存电荷和电能的装置。

电介质：能够被电极化的介质。

电场：存在于电荷周围空间，可以传递电荷间相互作用力的一种特殊物质，是电磁场整体的一个方面。

电场形状

带电物体周围电场的形状取决于带电物体的形状，并倾向于反映物体表面的电荷分布，即在电荷密度最大的区域电场占据空间最大。中空物体内部没有任何电场。

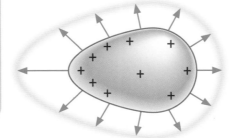

（a）不对称带电物体周围的电场

（b）中空的带电盒子周围的电场

无电场

中在突出点或角落的位置。两块带电金属板之间也有一个电场：如果两块金属板是平行的且带有相反的电荷，那么板间电场就是一个均匀电场，其电场线是一系列从正电板指向负电板的平行线。从光谱仪到电子显微镜，带电板之间的电场在许多电子设备中极为重要。

储存电荷

电荷可以被储存在电容器中。最早的电容器是莱顿瓶，它由一个内外均衬有金属箔片的玻璃瓶组成，一个金属把手通过一根连接着松散链条的金属棒与内层金属箔片相连，莱顿瓶可以由静电起电机充电。在现代术语中，金属箔片就是电容器的极板，而玻璃瓶是极板间的绝缘层，被称为"电介质"。用在收音机和放大器中的小电容器便是由两片被陶瓷绝缘体隔开的金属圆盘组成的。

现代电容器

现代电容器是由两片长长的金属箔片（通常是铝片）组成的，两片金属箔片之间用几层蜡纸隔开（形成电介质），连接导线则被焊接在金属箔片的两端，起到极板的作用。电容器的金属箔片和蜡纸都紧紧地卷成圆桶状，使电容器占据空间尽可能小。

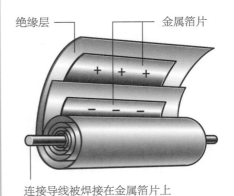

绝缘层

金属箔片

连接导线被焊接在金属箔片上

带电原子

带电荷的原子被称为"离子"，离子的特征不同于不带电的原子。虽然物理过程也能产生离子，但离子通常是由元素通过化学方法生成的。

带正电荷的原子是正离子，也称"阳离子"。给中性原子加一个额外的电子就得到了一个负离子，也称"阴离子"。换句话说，正离子是少了电子的原子，而负离子是多了电子的原子。

氢（H）原子是最简单的原子，它由一个带正电荷的原子核和一个电子组成，如果电子被移走，那么剩下的就是只带一个正电荷的氢离子。金属的外层电子也可以很容易地被移走从而形成金属正离子。有些金属（如钠）会形成带一个正电荷的正离子，而有些金属可以形成带多个正电荷的正离子。例如，钙可以形成带两个正电荷的钙离子，而铝可以形成带三个正电荷的铝离子。

非金属元素更容易得到一个或两个电子，从而形成负离子。比如，一个氯（Cl）原子有7个外层电子，它更倾向于把外层电子增加到8个（因为拥有8个外层电子更稳定——译者注），从而形成带一个负电荷的氯离子。再比如，氧（O）原子有6个外层电子，再获得两个电子就形成氧离子，带两个负电荷。

离子对

和所有带电粒子一样，带异种电荷的离子相互吸引。带异种电荷的两种离子相互吸引后形成离子化合物，其中最为人所知的就是我们日常用来调味的食盐，其化学名称为氯化钠（NaCl）。在固体状态下，食盐以晶体形式存在。食盐晶体由许多规则排列的原子组成，并且这些原子是携带电荷的，所以也可以说食盐晶体是由规则排列的离子组成的。用化学术语来讲，氯化钠分子是由正的钠离子（Na^+）和负的氯离子（Cl^-）之间的离子键结合在一起的。

制造离子

对化学家来说，氯化钠是一种盐，盐是化学中最常见的一类化合物（注意：化学中的"盐"并不特指食盐——译者注）。制造盐的方法有许多，但总归都要从金属原

带电的伙伴

一个钠（Na）原子有一个外层电子，而一个氯（Cl）原子有7个外层电子（**图a**）。当钠原子与氯原子发生反应时，一个电子从钠原子转移到氯原子上（**图b**），从而形成氯化钠离子对。

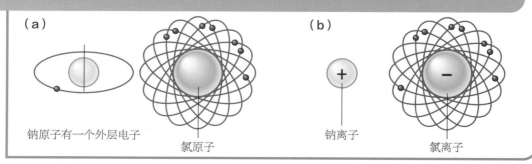

（a）钠原子有一个外层电子　氯原子

（b）钠离子　氯离子

石盐（Halite）是氯化钠的矿物形式，也称为矿盐或岩盐。它由离子组成，其立方体外形反映了其晶体中离子的周期排列方式。

子中移走一个或多个电子，然后把这些电子加到盐的"酸部"里。其中最简单的办法就是让金属溶解在合适的酸中，比如，让锌（Zn）溶解在盐酸（HCl）中便生成氯化锌盐（$ZnCl_2$）。另外，一些物理过程也可以制造离子。高压电流（如闪电）或紫外辐射（来自太阳的辐射）穿过空气时，会使一些氧原子和氮原子电离，从而产生正离子。这些电离过程释放出来的电子会立刻与附近的气体分子结合形成负离子。转瞬间，这些正离子和负离子就结合在了一起，但在高层大气中，这种结合过程非常缓慢。大气层中的自由离子构成了一层"电离层"。电离层就像一面镜子，可以有效反射特定波长的无线电波，使得远距离通信得以实现。这些无线电信号在远距离传输过程中在地面和电离层

科学词汇

阳离子：带正电荷的离子。

阴离子：带负电荷的离子。

离子：失去一个或多个电子（形成正离子或阳离子）或者得到一个或多个电子（形成负离子或阴离子）的带电原子或原子团。

离子的形成

原子失去一个电子时就会形成一个带单个正电荷的离子，而当原子得到一个电子时就会形成了一个带单个负电荷的离子。有些离子带有不止一个正电荷或负电荷。

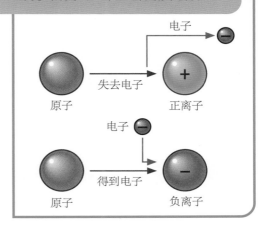

离子晶体

氯化钠晶体由一组规则排列的正钠离子和负氯离子组成。下图中紫色小球代表钠离子，蓝色小球代表氯离子。可以看到：氯化钠晶体内的离子占据晶格立方体的八个角，这种排列方式也反映在氯化钠晶体的宏观结构上（立方体结晶）。

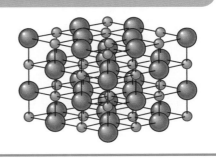

之间多次反射，最后被地面上的某个目标接收器接收。

离子与电解

离子可以组成如晶体一样的固体，但离子固体（如盐）也可以溶解在水中，此时，离子可以自由移动。当离子固体在高温下熔化时，情况也是一样的。

大多数晶体是坚硬的固体，因为组成它们的离子在强大的吸引力作用下牢牢地聚合在一起，这种存在于正负电荷之间的静电作用力就是离子键。如果你放一粒食盐晶体到一杯水中，食盐晶体就会溶解，失去其硬度和晶体结构。但是，如果你把食盐晶体放到橄榄油里，则什么也不会发生——食盐只会沉底，不会溶解。这说明水能把食盐分解成离子，而橄榄油不能。

这一现象发生的原因与水分子的结构有关。水分子（H_2O）的氢原子上带有微弱的正电荷，而氧原子上则带有相等或相反的微弱负电荷——像这样带有微弱电荷分离的分子叫作"极性分子"，由极性分子组成的溶液就被称为"极性溶剂"。

当食盐溶解在水中时，水分子聚集在离子周围，其负极靠近钠离子，其正极靠近氯离子，这样就把离子从食盐晶体中原先的位置上拉开了，使得它们在溶液中可以自由移动。橄榄油没有极性分子，它是非极性溶剂，因此无法溶解食盐。

科学词汇

电解液：具有离子导电性的溶液。

电解：电解质溶液或熔融电解质在直流电作用下发生化学反应。

对科学家来说，海洋就是一种巨大无比的盐溶液，一种覆盖地球表面73%面积的电解质。

导电液体

可以溶解在水中形成离子的物质就叫作"电解质"。盐是电解质，但糖不是。糖虽然能溶解在水中，但不会形成离子。因为离子可以在溶液中自由移动，所以可以导电，正如电子（和离子一样，也是带电的粒子）可以在真空中导电一样。盐、酸和碱通常都是很好的电解质。水本身并不是一个很好的导体，但如果加一滴能产生氢离子的酸到水里，水就会变成电解质。

当盐被加热至熔融状态时，其离子会分离，它就会变成电解质。熔融盐可以导电，许多熔融盐在工业中是非常重要的电解质。

有序变为无序

当盐溶解在水中时，钠离子（＋）和氯离子（－）会离开它们原来的位置，并在溶液中自由移动。

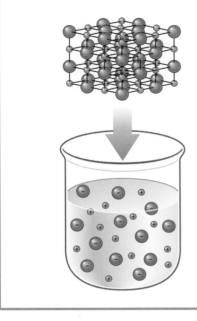

电解

在电解过程中，一对电极被浸在电解液中并与电池的正负极相连。连接到电池负极的电极被称为"（电解）阴极"，连接到正极的电极被称为"（电解）阳极"。

电流从电池正极流向（电解）阳极，流过电解液到达（电解）阴极，然后从（电解）阴极流向电池负极。

在电解液中，阴离子（负离子）会被阳极上的正电荷吸引，而阳离子（正离子）则会被阴极上的负电荷吸引。正是阴阳离子同时朝两个方向的运动，才使得流过电解质的电流得以形成。离子到达电极时的化学反应取决于电解质的成分，也取决于电极材料。

小实验

电解土豆

你需要一些末端带鳄鱼夹的长绝缘导线，如果没有鳄鱼夹，也可以用回形针或厨房用铝箔纸代替。9伏电池是最好的，因为你可以轻松地把电线缠在9伏电池的正负极端子上，或者你也可以用胶带把折好的铝箔纸固定在普通手电筒的干电池上。

实验步骤

首先，把马铃薯切成两半，再用钢丝球或砂纸擦干净两枚硬币，直至其表面明亮有金属光泽。然后，把硬币从土豆的切面上推进去大约一半，两个硬币之间相隔约1厘米。将鳄鱼夹分别连接到两枚硬币上，并将导线的另一端缠在电池的正负极端子上。用记号笔在连接电池正极的硬币旁标记一个"＋"，在连接电池负极的硬币旁标记一个"－"。把这个装置放置一个小时左右，然后断开电池，取出硬币。你观察到了什么？

标记"＋"的那个槽的周围会有一圈绿色。这是由硬币中的金属铜与土豆中的化学物质发生反应生成的绿色铜盐。这一反应发生的基础是必须有电流通过土豆到达另一枚硬币，而电流正是由土豆中的带电粒子（离子）产生的。

这个实验证明了土豆可以导电。

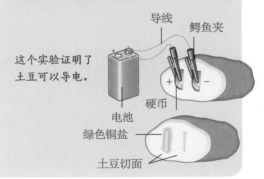

导线　鳄鱼夹
＋　－
电池
硬币
绿色铜盐
土豆切面

小实验

导电的水

含有带电离子的液体是良好的导电体。纯水中含有非常少的离子，因此是不良导体，但通过向纯水中加入一些离子可以使其导电性能变好。

实验步骤

将一个手电筒灯泡拧在灯泡座上，用导线将灯泡座连到9伏电池上，如下图所示。剪两张约7.5厘米×7.5厘米的铝箔纸，分别折叠成三层。然后将一个杯子里装满水，把折叠好的铝箔纸末端固定在鳄鱼夹上，将两片铝箔纸浸入水中，但不要相互碰触。如果杯中的水能导电，灯泡就会亮起来——此时灯泡是不亮的。从水中取出两片铝箔纸，然后在水中加入两到三勺食盐，再次插入铝箔纸，看看会发生什么。你会发现，灯泡亮了起来（虽然很微弱）！在水中加入盐可以让它导电，这是因为盐溶解后会产生离子，离子在含盐的水溶液中可以传导电流。

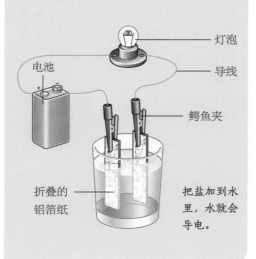

灯泡

电池

导线

鳄鱼夹

折叠的
铝箔纸

把盐加到水里，水就会导电。

制造金属

通过一些实际的例子来理解电解是最好不过的方法了。电解液可以使用铜盐溶液（如硫酸铜），两个电解电极可以都使用铜片，并分别连接到电池的正负极上。在电解质溶液中，硫酸铜分解为正的铜离子和负的硫酸根离子。在（电解）阴极（电池负极），铜离子获得电子，变为金属铜原子进而沉积在阴极上。在（电解）阳极（电池正极），铜片上的金属铜原子失去电子变为铜离子，并通过溶液到达（电解）阴极。

如果在实验前后分别称量电极的重量，我们会发现（电解）阴极的重量增加了，而（电解）阳极则减少了同样的重量。这一电解过程就是工业中制造纯铜的过程。

制造气体

另一个值得研究的例子是电解水，水中通常会加入少量的酸以使其成为良导体。在这个例子中，电解质中的离子是氢离子（H^+）和羟基离子（OH^-）。电极则由金属铂（Pt）制成，因为铂是一种惰性非常大的元素。在（电解）阴极，氢离子得到电子生成氢气气泡，上升到液体表面并被收集起来。在（电解）阳极，羟基离子失去电子生成水分子和氧气气泡，氧气气泡同样上升到液体表面并被收集起来。通过水的分子式H_2O我们可以知道：这一过程中产生的氢气的量恰好是氧气的两倍。

电解的用途

使用电镀工艺加工的日常用品数不胜数，如珠宝、刀叉、汽车零件、水龙头和水管配件等。将黄铜等廉价金属制成的珠

熔融电解质

在熔融氯化钠（NaCl）的电解过程中，钠离子（Na$^+$）向（电解）阴极移动，并在（电解）阴极获得电子变为金属钠原子。与此同时，氯离子（Cl$^-$）向（电解）阳极移动，并在（电解）阳极释放电子变为氯气（Cl$_2$）。

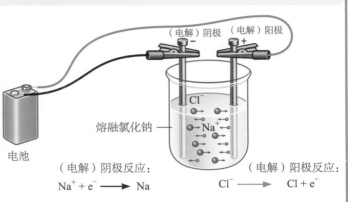

电池

（电解）阴极 （电解）阳极

Cl$^-$

熔融氯化钠

Na$^+$

（电解）阴极反应：
$$Na^+ + e^- \longrightarrow Na$$

（电解）阳极反应：
$$Cl^- \longrightarrow Cl + e^-$$

宝镀金，可以使其看起来更漂亮，并能防止其失去光泽。用镍和铜的合金制成的餐具同样需要镀银，这种镀银餐具通常都标有"EPNS"字样，意思是"镀银镍"。此外，汽车上的挡泥板和其他钢制零部件都镀了铬，这样看起来更赏心悦目，并能防止钢制部件生锈。水龙头和其他的浴室配件通常由黄铜制成，也经常镀铬，以改善其外观和提高其耐腐蚀性。

水中产气

加入酸的酸化水电解产生氢气和氧气。（电解）阴极的氢离子获得电子生成氢气，而（电解）阳极的羟基离子失去电子生成水分子和氧气。水的电解过程生成的氢原子与氧原子的比例始终是2∶1，与水的分子式 H$_2$O 一致。

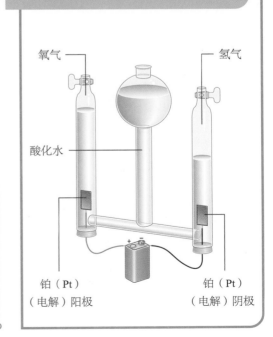

氧气

氢气

酸化水

铂（Pt）
（电解）阳极

铂（Pt）
（电解）阴极

移动电荷

电流是由运动的带电粒子组成的。电流产生的效应在各方面都有广泛的应用。比如，电流可以产生热，可以产生电磁力，亦可以携带信息。

所有的物质都是由带电粒子组成的。每个原子都有一个核心，即原子核。原子核包含了原子的绝大部分质量，并且带有正电荷。在原子核周围旋转的是更轻的、带有负电荷的粒子——电子。

带电粒子之间的相互作用力非常强，这种强大的作用力使得原子核和电子稳定地聚在一起而不彼此脱离。但是，当相等数量的正电荷和负电荷相互靠得很近时，电荷间的相互作用就会抵消，并且在短距离内就好像没有任何电荷存在一样。一般来讲，在呈中性的原子中，原子核上的正电荷正好与其所有电子的负电荷相平衡。当从原子中移除一个或几个电子，只剩下带有净的正电荷的离子时，电荷效应会变得很明显。

电荷

当用塑料梳子梳头发时，你会发现几缕头发被梳子吸了起来。这是由于电子从梳子转移到了头发上，而在梳子上留下了带正电荷的原子，于是头发上的负电荷与梳子上的正电荷相互吸引。这就是静电效应的一个例子。

电荷以电流的形式沿着导体移动时，也会显现出电荷效应。比如，当你打开电灯或电视机的电源开关时，电子就会沿着连接发电站与房屋的电缆、连接墙上电源插座与家用电器的电线流动起来；当你打开一个便携式计算器时，微弱的电流就会在计算器内

运动的电子

金属是电的良导体。金属原子内的电子可以轻易脱离原子，并在金属线上形成"电子海"（下图左）。当沿导线施加电压时（下图中），电子会以电流的形式沿同一方向运动。对不同材料的金属导线施加相同的电压，会产生不同的电流。如果产生的电流较小，就说明导线中运动的电子较少，那么这种金属就是电阻较大的金属（下图右）。电流流过导体时，会产生热量。电流产生热量的多少取决于导体的电阻与流过电流的大小——当电流大小一定时，电阻越大，电流产生的热量就越多。

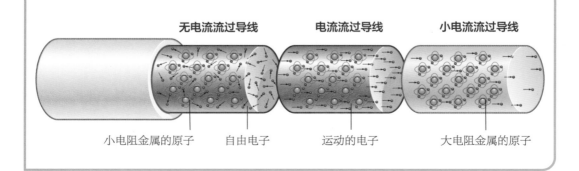

无电流流过导线   电流流过导线   小电流流过导线

小电阻金属的原子   自由电子   运动的电子   大电阻金属的原子

图中为省际远距离输电的高压输电铁塔。国家电网输送的高压电到达百姓家中时需要调整为低得多的民用电压。

部的芯片和金属线中流动。

电在我们的日常生活中有着千万种不同的作用，因此其重要性不言而喻。电流可以加热流经的电线，所以可以用于电加热器、电熨斗和电灯泡。电流也有磁效应，例如，扬声器中快速变化的电流会驱动扬声器发声部件中的磁铁，使得发声部件快速振动从而产生声音。电流也可以用来收发信号，它可以携带代表声音的信号流入、流出电话，或者携带数据信号输入、输出电脑，或者携带使电视机和其他图像设备成像的信号。总而言之，电是信息技术（IT）革命的重要基础。

小实验

是否导电

能使电流流过的物体叫作"电的良导体"，而不能使电流流过的物体称为"电的不良导体"或"电绝缘体"。我们将通过这一实验测试各种物体，以确定它们是电的良导体还是不良导体。

实验步骤

将手电筒的灯泡拧在灯泡座上，并将一段导线连接在灯泡座和电池上，如下图所示。试着选用不同材料的物品，并用鳄鱼夹夹住材料两端使其形成一个闭合回路。如果该材料允许电流流过电路，那么灯泡就会亮起来，这就说明该物品是一个良导体；如果灯泡不亮，就说明该物品是不良导体。试着用这种方法把这些物品分成良导体和不良导体两组。

良导体组的物品都是金属材料，如硬币、回形针、金属匙、别针和图钉等。所有的金属都能导电。

不良导体组的物品是各种不同的材料，但都是非金属，如纸张、橡皮擦、橡皮筋、塑料勺、木尺子、绳子和铅笔等。纸张、橡皮筋、塑料、绳子和木头都是不良导体，电线外层的绝缘层通常都是塑料的。

测试每件物品，看看灯泡是否亮了。

电势差

电荷需要某种动力才能运动起来，这种动力就被称为"电势差"。发电站和干电池都会产生不同大小的电势差，从而驱使电荷流动，产生电流。

梳头时产生的静电也是一种电势差，可以驱使少量电荷流动。脱下人造纤维面料制成的衬衫时也会产生同样的静电效应：你会感到轻微的电击，在黑暗的环境中你还可能看到火花。当你走在某种特殊类型的地毯上时，电荷就会积聚在你的身上，当你随后触摸某些金属物体（如水龙头）时，你就会看到静电放电现象，并能感到轻微的电击。

电荷能够很容易地流过金属，所以金属也被称为"电的良导体"。但是，电荷几乎无法流过如橡胶和塑料这样的材料，这些材料被称为"电绝缘体"。举例来说——台灯的电线由铜线制成，电流可以沿着铜线流动；铜线上的绝缘层由塑料制成，电流不能通过塑料流动。

如果用金属梳子梳头，你不会感到轻微电击或看到任何火花。因为从头发上脱离的电子会立即通过金属梳子和人体流向大地，因此金属梳子不能像塑料梳子那样形成大量的积聚电荷。

驱动电动列车行驶的电流是列车顶部的拾电器从列车上方的高压架空输电线路上获取的，电力传递给电动机，带动驱动轴并驱动车轮转动。

驱动电流

电池是驱动电流的一种方式。当电池的两极通过导线分别连到用电器（如手电筒的灯泡）两端时，就会有电流通过该用电器。电池内部发生的化学反应是电子从原子中分离出来，被电动势推动着先后流过导线和用电器。当用电器断开时，电子不再移动，化学反应随即停止。

发电厂使用更为强大的设备来驱动电流。利用煤、石油、天然气燃烧或核反应产生的热量生成的蒸汽，则可以驱动巨大的涡轮机，与涡轮机相连的发电机随之转动产生高压电，高压电通过高压电缆被输送到全国各地。

一段有电流通过的导线中通常有数以

万亿计的电子在运动，但是，这段导线的总电荷却是零，因为电子的负电荷被失去电子的原子的正电荷抵消掉了。

如果将电路断开，电子就会立即停止流动。假设电子在电路断开点或电路中的其他任意一点开始暂时性地积累，那么产生的负电荷就会排斥后面随之而来的其他电子，进而驱散积累的电荷。这就是电流只能在一个完整、无断点的循环（被称为"电路"）中流动的原因。

在电路中，使电子移动起来的推力叫作"电势差"，也被称为"电压"，测量单位是伏特（V），简称"伏"。普通手电筒的电池能产生约1.5伏特的电压，汽车电池的电压则是12伏特，家用台灯的插座是110伏特（北美地区）或者220～240伏特（其他国家和地区），比这更高的电压则用于从发电厂远距离输送给全国各地的工厂、办公室和家庭使用。

电阻

大多数材料既不是完美的良导体，也不是完美的绝缘体，它们或多或少地能允许一部分电流流动，又会抵抗一部分电流流

电压、电阻与电流

1. 电池和电流表（用于测量电流）均为零电阻，通过一个灯泡串联在一起，流过电池、电流表和灯泡三者的电流大小相同，电流表显示电流为 2 安培。

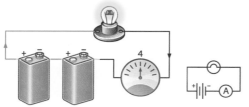

2. 两节电池串联时可以在灯泡两端产生两倍的电压，如果还用一个灯泡，电路中的电阻不变，那么电流现在为 4 安培。

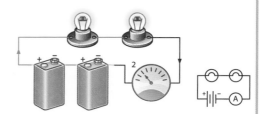

3. 两个灯泡串联时，它们的总电阻是单个灯泡的两倍，因此电流减半，为 2 安培。

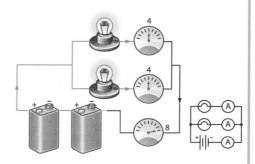

4. 两个灯泡并联在一起，但每个灯泡的两端都有两个电池串联的电压，因此流过每个灯泡的电流仍为 4 安培，总电流则为 8 安培。

动。电路中通过电阻来控制电流流动的电子元件被称为"电阻器"，简称"电阻"。电阻的测量单位是欧姆。电路中电阻越大，驱动同样大小的电流流过该元件需要的电压就越大。

小型袖珍手电筒中有一个电阻约为 3 欧姆的灯泡和两个电势差为 1.5 伏特的干电池。电源（如电池或发电机）所能提供的总的电势差被称为"电动势"。手电筒里的两节干电池是正负首尾相连的，因此其电动势加在一起就是大约 3 伏特。电流的测量单位是安培，简称"安"。流过灯泡的电流（以安培计）由电压（以伏特计）除以电阻（以欧姆

计）得出。在手电筒的这个例子中，电流大小是 1 安培（3 伏特除以 3 欧姆，但实际电流比这个略小，因为电池本身和电路中的其他元件也带有电阻）。

测量电流

电路中电流的大小不仅取决于电路中的元件，还取决于元件的连接方式。在上面的图表中，先用一个电池点亮一个灯泡，再用两个相同的电池来点亮一个灯泡，然后用这两个相同的电池来点亮两个灯泡。电路中测量电流大小的装置被称为"电流表"（或称"安培表"）。电池和电流表本身的电阻

很小，可以忽略不计。

串联与并联

　　先把两个灯泡串联在一起，也就是说，相同大小的电流依次通过两个灯泡。串联灯泡的总电阻是单个灯泡的两倍，此时电路中的电流比单个灯泡时要小。

　　当两个灯泡并联时，电流就会一分为二地流过两个灯泡。两个灯泡上都有相同的电压，并且产生相同的电流。电流从灯泡流出后会在节点汇合，所以主干电路的总电流大小相当于电路中单个灯泡电流大小的两倍，两个灯泡并联的总电阻相当于单个灯泡电阻的一半。

小实验

串联还是并联

　　电路中元件的连接方式主要有两种：第一种方法是像项链上的珠子一样依次串起来，这样一来，同样大小的电流就会依次流过电路元件，像这样的连接方式就叫"串联"；第二种方法是用一根导线连接电池一极与每个电路元件的一侧所有触点，用另一根导线连接每个电路元件的另一侧所有触点与电池的另一极，像这样的连接方式就叫"并联"。

实验步骤

　　下图左边所示为串联电路，右边是并联电路。现在把灯泡按串联电路的方式连接起来，注意观察灯泡的亮度。再把灯泡按并联电路的方式连接，灯泡的亮度看起来有变化吗？在串联电路中，电流必须依次通过3个灯泡，结果就是灯泡不是很亮；但在并联电路中，电池的全部电压驱使电流同时通过每个灯泡，因此每个灯泡都像只有一个灯泡时那么亮——然而，这样的代价也很显著：电池的耗尽速度是串联方式的3倍。

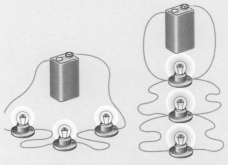

串联在一起的灯泡必须共同分享电池的总电压——这样灯泡不会太亮。

并联电路中的每个并联灯泡都能获得电池的总电压——这样灯泡就会很亮。

电流与电荷储存

几乎所有的电学测量仪器（如电流表——测量电流的装置）利用的都是电流的磁性，有时，我们还需要使电流停止流动，并将电荷储存在一个被称为"电容器"的装置中。

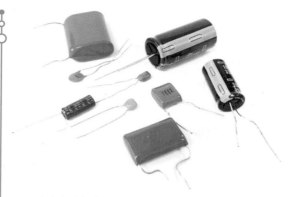

不同种类的电容器。

许多电流测量装置基于电流会在其周围产生感生磁场这一原理工作。感生磁场会使附近的小磁针转动，并对附近的载流导线施加推力或拉力。如果把一根导线绕成线圈，它就会像磁铁一样，线圈的两端分别相当于磁铁的南极和北极。把这样的线圈用一根线悬挂起来，当电流通过线圈时，线圈就会左右摆动，直至其磁极指向南北——就像指南针的指针一样。线圈中流过的电流越大，其转动力就越大。

动圈式电流表

在常见的动圈式电流表中，线圈绕在一块软铁（几乎是纯铁而不是钢）铁芯上，通过一组弹簧悬置于马蹄形永磁铁的两极之间，电流流过这个线圈，软铁铁芯"放大"了线圈的感生磁场。当电流流过时，线圈转动并倾向于与马蹄形永磁体的磁场平行对齐，但

是，线圈上的悬挂弹簧倾向于阻止线圈的转动。而线圈转动角度的大小取决于流过线圈电流的大小，一个连在线圈上的指针和表盘便能显示出流过线圈电流的大小。

检流计

检流计是一种非常灵敏的电流测量装置，它没有使用可转动的指针，但同样使用了一个悬置于永磁体磁场中的线圈，线圈被封装在一个带有透明玻璃窗口的密封腔内。线圈上带有一面镜子，能反射透过玻璃窗口照射进来的光束。当电流流过线圈时，线圈便会以一个角度左右摆动，电流越大，摆动角度越大。线圈上的镜子反射出的光束会在

给电容器充电

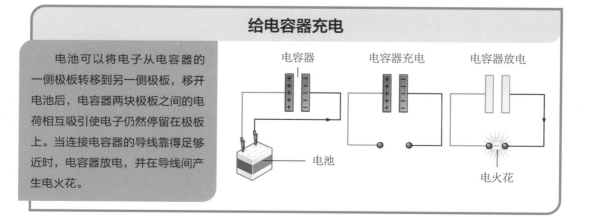

电池可以将电子从电容器的一侧极板转移到另一侧极板，移开电池后，电容器两块极板之间的电荷相互吸引使电子仍然停留在极板上。当连接电容器的导线靠得足够近时，电容器放电，并在导线间产生电火花。

电容器　　电容器充电　　电容器放电

电池

电火花

几米之外形成一个光点，光点先向一个方向
移动，接着又向反方向移动很长一段距离，
这就使电流的精确测量得以实现。

储存电荷

　　电容器能够储存电荷。简化版的电容
器由两块平行的金属板组成，如果将这两块
金属板连接到电池的两极上，从电池负极
流出的电子就会在其中一块金属板上聚集，而
电池正极则会吸引另一块金属板上的电子，使
其离开另一块金属板。电子在第一块金属板上
聚集得足够多时，就会对后面到达的电子产生
越来越强的排斥作用，此时，电路中的电
流就会变小。由于电池正极的吸引作用而从
第二块金属板流向电池正极的电子会被该金
属板上剩余的净正电荷吸引，从而逐渐停止
流动，直至电流降为零。此时，如果移开电
池，并且连接电容器两端的导线保持不碰触，
电子就会留在其中一块金属板上。如果导线
的两端靠得足够近，电子就会被正电荷所吸
引，穿过这一段微小的空气间隙，流向另一
块金属板——这就是电容器的放电。放电之
后，电容器的两块金属板上均不带净电荷。

　　电容器是电路中的关键元件。一种常
见的电容器以两条长长的金属片作为极板，

动圈式电流表

通过线圈的电流把线圈变成一个电磁铁，
电磁铁在永磁体磁场作用下发生转动，并带动
指针在表盘上移动，从而指示出电流大小。

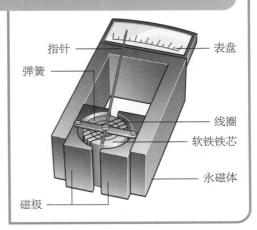

检流计

动线圈可以在密封腔内几乎无摩擦地
转动，带动一面镜子把射入透明玻璃窗口
的光束反射到很远的地方，放大线圈最微
小的转动。

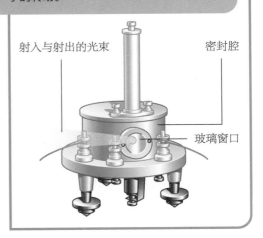

金属片之间用一种叫作"电介质"的材料隔
开，然后整个卷起来。电介质的作用是增加
可被储存的电荷的量。

电阻与电源

一个电子设备所需的驱动功率，以及该设备的输出功率都取决于它的电阻和所施加的电压。计算使用电阻的电阻值及位置是电路设计中极为重要的任务。

19世纪初，德国物理学家格奥尔格·欧姆（Georg Ohm，1789—1854）在电学研究方面取得了重要进展。他发现，流过一块特定材料（如一根导线）电流的大小与在这块材料两端施加的电压大小成正比。也就是说，在温度保持不变的情况下，如果给某块材料施加10伏特的电压，所产生的电流就是施加5伏特电压时的两倍。

没有一种材料会完全遵循这个规律，但大致遵循这个规律的材料占大多数，因此这个非常重要的规律就被称为"欧姆定律"，用数学公式可以写为：

$$I = V/R$$

其中，V是电压，I是电流，R是特定材料的电阻。这个公式也可以写成：

$$V = IR \text{ 或 } R = V/I$$

电流通过电阻材料时会产生热量。要保持温度恒定，就必须持续不断地散热。材料的温度升高时，其电阻通常会增大，但并非所有材料都是如此。

电阻不仅与材料本身有关，也与材料的形状有关。例如，一根细长金属丝的电阻就要比由该金属熔成的短粗圆柱体的电阻大得多。对于某种特定材料的电子元件，其电阻随着长度的增加而增大，并随着横截面积的增加而减小。

电路中使用的电阻器通常是由金属丝或封装在外壳中的碳棒制成的，其电阻的大

小由外壳上标记的彩色色环表示（通常有4～6个色环）。

串联与并联电阻

电阻器通过各种不同的方式连接在电路中，从而产生数值不同的等效电阻（见第38页）。当两个或两个以上的电阻串联在一起时，相同大小的电流依次流过串联电阻，等效电阻值等于它们的电阻值之和。此时若要使电路中的电流与单个电阻时的电流相同，则需要在串联电阻两端施加更高的电压。

电阻也可以并联在一起，每个并联电阻的两端都具有相同的电压，但流过它们的

白炽灯的灯泡内有一根灯丝，电流由导线流向灯丝，使灯丝被加热至很高的温度直至发光。

电流可以不等。在这种情况下，分流至不同电阻的电流会在节点处重新合流。并联电阻的等效电阻值比并联电阻中任意电阻的电阻值都要小。

举例来说，如果有 3 个电阻 R_1、R_2 和 R_3，那么通过电阻 R_1、R_2 和 R_3 的电流分别是 V/R_1、V/R_2 和 V/R_3。

总电流为：

$$\frac{V}{R_1} + \frac{V}{R_2} + \frac{V}{R_3}$$

小实验

短暂的白光

白炽灯的灯泡内有一根很细的导线，叫作"灯丝"。当电流通过灯丝时，导线变得很热并发出白光。灯泡内通常会填充一些不支持燃烧的惰性气体（如氩气或氮气），以防止灯丝被烧断。通过下面这个小实验，我们可以制作一个简易灯泡，不过由于这个灯泡内包含空气，所以它只能亮非常短的时间。注意：连好线路后，实验装置会立即产生大量的热量，因此，请勿在未佩戴保护手套的情况下触摸玻璃瓶、铁钉或鳄鱼夹。

实验步骤

将两根长 7.5 厘米左右的铁钉穿过一小片塑料泡沫板，并让两根铁钉的钉头刚好露出一小截。从钢丝球上抽出一根细钢丝，把它的两端缠绕在铁钉的钉尖上，并将塑料泡沫板连带铁钉和钢丝一起放入玻璃瓶中，如图所示。将鳄鱼夹夹在两个钉头上，并用导线把鳄鱼夹与电池连起来。当把电线的末端连接到电池极点上时，你要注意观察发生了什么。

钉子之间的细钢丝就像白炽灯里的灯丝，当电流通过时，细钢丝会迅速变热，随后很快被烧掉。你会观察到电光在很短的一瞬间照亮了玻璃瓶。

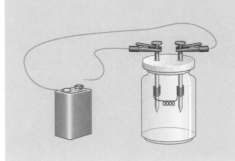

或

$$V \cdot \left(\frac{1}{R_1} + \frac{1}{R_2} + \frac{1}{R_3} \right)$$

如果用单个电阻 R 来产生同样大小的电流，那么 R 的电阻值由下式给出：

$$\frac{1}{R} = \frac{1}{R_1} + \frac{1}{R_2} + \frac{1}{R_3}$$

所以，式子中的 R 即为 3 个电阻并联时的总等效电阻。

电阻与发热

电流流过某种材料时会产生热量。这一原理便是电烤箱、电熨斗、面包机、电水壶和热水器等的工作原理，即电流流过导线时会使导线发热。白炽灯灯泡的工作原理也是一样的，灯泡里的灯丝（钨丝）便是被电流的热效应加热直至发光的。

功率与能量

每一种电器都需要能量才能工作，热水器需要的能量很多，而便携式收音机只

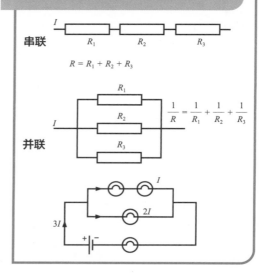

等效电阻

电阻串联时，等效电阻的电阻值为各电阻的电阻值相加之和。电阻并联时，根据公式，等效电阻的电阻值小于任意一个电阻的电阻值。在最下方的图中，如果电路中所有灯泡都具有相同的电阻，那么电流会分流为如图所示大小（2:1）。

串联

$$R = R_1 + R_2 + R_3$$

并联

$$\frac{1}{R} = \frac{1}{R_1} + \frac{1}{R_2} + \frac{1}{R_3}$$

科学词汇

欧姆（Ω）：国际单位制（SI）下的电阻值单位。

电阻值：材料或电路元件阻碍电流通过的量度。施加的电压一定时，电阻值越大，能通过的电流越小。

超导：导体在某一温度下电阻为零的性质，某些金属在接近绝对零度（−273.15℃）时会表现出这种神奇的性质。已研究出的新型复合材料可以在更高的温度（相对绝对零度而言）下超导，但是目前仍然没有达到0℃。

需要很少的能量。电器消耗能量的速率被称为其"功率消耗"（功率是能量的消耗速率），也可以简称为"功耗"。在电气工业中，功率的单位是瓦（符号W）或千瓦（符号kW），1千瓦等于1000瓦。普通白炽灯灯泡的功率约为100瓦，面包机的功率约为1千瓦，而电视机的功率约为0.17千瓦。用电器在一段时间内所使用的能量总和等于其功耗乘以使用时间，单位是千瓦·时（也被称为"度"），1千瓦·时即1千瓦的电器运行1小时所消耗的能量。

电能消费者需要根据他们使用的电量来支付电费。家家户户安装的电表通过测量流入该户的总电流来计算所消耗的电量，所

用的总电量即总电流乘以供电电压。

电阻热

电流流过导体材料时会产生热量，这是由于电流需要克服该导体材料的电阻。导体材料的晶体结构中含有众多缺陷和不规则区域，干扰了电子的运动。晶体越完美，即其原子周期排列中的缺陷越少，电子就越容易自由地通过晶体，也就是说其对电子的阻碍作用就越小。电流通过具有电阻的材料而产生的发热效应被称为"电阻热"。

电阻热主要用于电气照明中，白炽灯的灯泡里含有金属灯丝，通常由钨丝制成，当电流流过时，灯丝就会发热并发出白光。

消失的电阻

一些材料在被冷却到足够低的温度时会失去其所有电阻，变成超导材料。1911年，荷兰物理学家海克·卡末林·昂内斯（Heike Kamerlingh Onnes，1853—1926）发现了这一现象。他发现，当金属汞（Hg）处于低于4 K（−269℃）的温度下时，它就会变成超导材料。其他材料在不同程度的低温下也会表现出同样的性质。1986年以来，各种新材料不断被研发出来，其中许多能够在高于100K（−173℃）的高温（这里的"高温"只是相对而言）下表现出超导性。如果能在室温下实现超导，人们就有可能实现非常廉价的电力传输，因为远距离输电线路上几乎不产生任何电阻热，因而几乎不会损失能量。此外，室温超导材料也可以使更快速的计算机得以实现，许多更先进的新设备也将得以落地，并将惠及工业生产与家庭民用。

小实验

电加热器

我们在之前的实验中做过一种使用寿命很短的电灯泡，灯丝在变得炽热之后就在充满空气的玻璃瓶中烧尽了（参见第37页）。在这个实验中，我们将使用一块更厚的金属来演示电加热器的原理。

实验步骤

剪一片约15厘米长、2.5厘米宽的铝箔片，纵向对折两次，这片折叠后的铝箔片将是我们制作的电加热器的加热元件。将铝箔片弯曲成两臂不太长的U形，用一只手将铝箔片的两端分别顶在一节干电池的两极上，如下图所示，然后心中默念10个数。此时，如果你用另一只手触摸铝箔片，你就会感到它变热了。持续通电可以使铝箔片的温度升高，在它变得烫手之前，要将其从电池上取下。

和其他金属一样，铝是电的良导体。电流通过很薄的铝箔片时，可以产生比较显著的电阻热，使铝箔片变热。室内用的电加热器不能用铝来制造，因为铝的熔点较低，通电加热时会因高温而被直接烧掉。因此室内用的电加热器的加热元件都是由金属合金制成的，它只会变红而不会被烧掉。

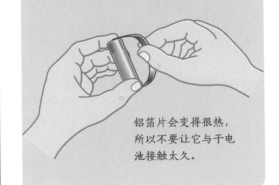

铝箔片会变得很热，所以不要让它与干电池接触太久。

直流与交流

世界上第一批发电厂向家庭和工厂输送的其实是单向直流电（DC）。如今，所有发电厂输送的都是电流方向不断反转的交流电（AC），交流电让电力输送变得更加可控，并且可以通过需求改变输送电压。

发电公司输给家庭、办公室和工厂的供电电压比便携式收音机或手电筒内电池的供电电压高得多，并且在另一个关键方面有所不同：电池供的是直流电（DC），即电流是单向流动的；而发电公司供的是电流方向反复改变的交流电（AC）。

大规模用电时，交流电通常比直流电更具优势，因为交流电可以产生强烈的磁效应，这对许多电子设备而言至关重要。此外，不同的用电环境需要不同的电压，交流电的电压可以很容易地改变，而直流电的电压却不易改变。交流电也能很直接、便利地由涡轮发电机生成。

变压

电流能产生感生磁场。如果把导线绕成线圈，通电线圈就类似于一块条形磁铁。交流电能产生交变磁场，且只有变化的磁场（交变磁场）才能产生感应电流。在一根导线附近移动一块条形磁铁，便会产生交变磁场，而这个交变磁场便能产生沿导线方向的电压。如果将导线绕成许多匝线圈，那么每匝线圈上都会产生电压，整个线圈的累积总电压就会增大。

利用这种方法就可以很容易地改变交流电的电压。当交流电流过第一个电路（称

科学词汇

交流电：电流方向随时间做周期性变化的电流。交流电通常用于家庭用电和其他电器用电。

直流电：电流大小可能变化但始终朝一个方向流动的电流。

变压器：升高或降低交流电的电压的装置。

直流与交流

电池能输出稳定的单向电压，生成恒定的单向电流，这就叫作"直流电"，直流电的电压与时间关系可被描绘为一条水平的直线。发电厂的涡轮发电机输出方向持续反转的电压，产生流动方向不断反转的交流电，交流电的电压与时间的关系是呈波浪状的正弦曲线。

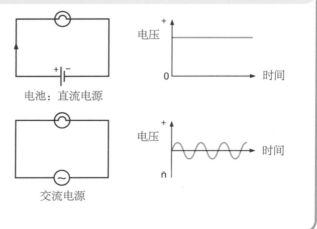

电池：直流电源

交流电源

变电站的大型变压器可以将长距离输电线上的高压电降为工厂或家庭使用的低压电。

为"初级电路")中的线圈时，线圈绕在一个铁芯上，这个铁芯同时也穿过第二个电路（称为"次级电路"）中的线圈中心。初级电路中的线圈（称为"初级线圈"）在铁芯中产生了增强的磁场，并通过铁芯内部传导给次级电路中的线圈（称为"次级线圈"）。由于铁芯磁场在强度和方向上都是变化的，因此变化的磁场便在次级线圈的每一匝线圈中都感应出了交流电压，次级线圈的匝数越多，最终感应出的电压就越大。

相反，如果次级线圈的匝数少于初级线圈的匝数，那么次级线圈最终感应出的电压就会比初级线圈的电压小。利用这种原理工作的装置叫作"变压器"（见右上插图）。变压器一般用来升高来自发电站的交

变压器如何工作

升压

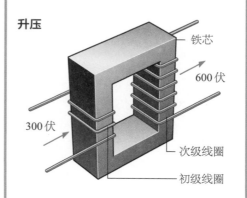

初级线圈的交变磁场通过铁芯传导给次级线圈，次级线圈的回路中产生更高的电压。

降压

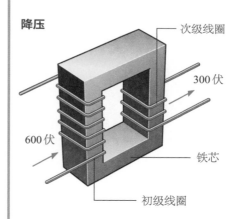

当次级线圈的匝数比初级线圈的匝数更少时，次级线圈中产生的电压便更低，于是这就成了一个降压变压器。

流电电压，再通过悬挂在高压铁塔上的长距离高压输电线输送到全国各地。其他的变压器则被安装在工厂附近和居民区附近的无人值守变电站内，用来降低电压。

真空管及其应用

到20世纪初，电力在工业生产中发挥了极为重要的作用，真空管为人们提供了一种控制电子流动的新方法。真空管开创了人类的电子时代，奠定了人类现代社会的基础。

20世纪早期的真空管，如克鲁克斯管（参见第8~9页），从科学演示仪器逐渐发展为能胜任诸多任务的实用电子器件。

最简单的真空管被称为"二极管"，它包含两个电极——阴极和阳极。加热阴极使其释放出热电子，当阳极相对于阴极的电压为正时，阳极就会吸引热电子；而当阳极相对于阴极的电压为负时，热电子就不再向阳极运动。因为阳极始终是冷的，所以它不会释放电子，电子也就不会从阳极向阴极运动。

就电流的流向而言，二极管是一种单向器件，只允许电流沿单一方向流过，因

在晶体管问世之前，上图中所示的真空管是众多电子设备中的重要元件，最早期的计算机使用了成千上万个这样的真空管。

两类真空管

二极管通常包含一个阴极（电子发射端）和一个阳极（电子接收端），三极管则使用一个叫作"栅极"的第三电极来控制电子的流动。下图的符号展示了二极管和三极管在电路图中的表示方法。

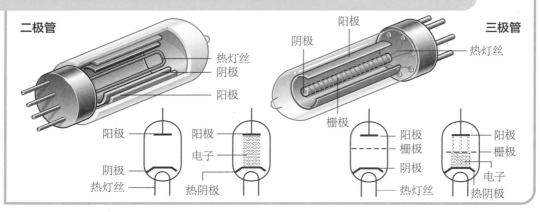

示波器

在示波器内部的阴极射线管中，电子聚焦后在荧光屏幕上形成一个光点。电子束不断地从左到右、从上到下扫描，形成信号的图形，如神经信号的测量信号（下图）。

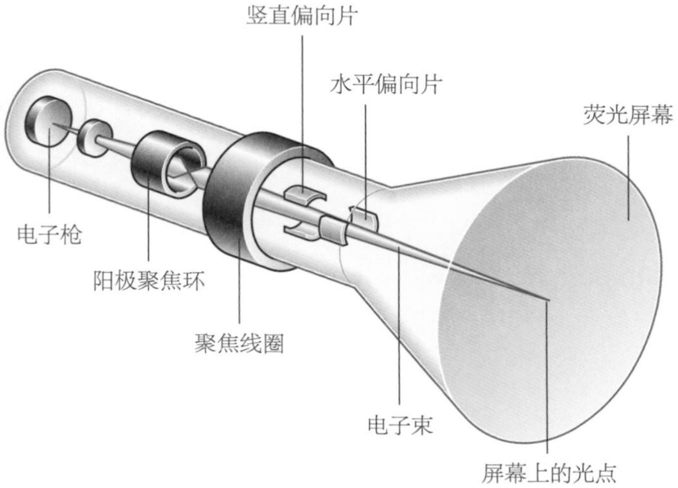

竖直偏向片

水平偏向片

荧光屏幕

电子枪

阳极聚焦环

聚焦线圈

电子束

屏幕上的光点

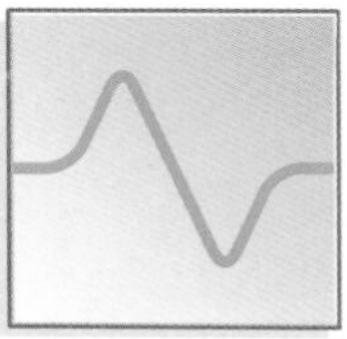

此它也被称为"整流器"。整流器在电子学中相当重要，因为电源通常提供的是交流电（AC），所以需要把交流电变成直流电（DC），这时就需要用到整流器。

放大电流

电流往往需要增强或放大。举例来说，在非数字式（模拟信号式）收音机中，天线接收到的微弱电流信号必须经过增强才能驱动扬声器发声，这个微弱的电流信号的

科学词汇

示波器： 显示被测量的电信号瞬时值轨迹变化情况的仪器。

整流器： 电流只能单向流动的一种电子装置，它能把交流电转换成直流电。

三极管： 有 3 个电极的电子设备，通常指旧时广泛用作电流放大器的真空三极管。

波形在放大过程中必须保证与原信号的波形完全一致。

三极管可以放大微弱的电流信号，它是一种拥有第三电极的真空管，第三电极被称为"栅极"。栅极是一个环绕阴极的金属网，单独施加在栅极上的一个较小的负电压可以阻止电子通过栅极，从而使通过栅极的电子总数变少。信号电压的微小变化便能够使从阴极到达阳极的电流产生显著的变化。

示波器

基于真空管的另一项发明在 20 世纪成为一种主要的科学仪器，它就是示波器。到 20 世纪 80 年代，示波器已经发展为数字式的了。示波器中有一个电子枪，它可以加热阴极使其释放出电子，随后电子被电场和磁场聚焦成一束很窄的电子束，电子束打向示波器另一端涂有荧光粉的荧光屏幕。电子束击中荧光屏幕上的荧光粉时，就会产

生一个光点。这些电子束不停地在荧光屏幕上快速扫描，便能绘制出快速变化信号的图形来。

真空管的用途

今天，晶体管和其他固态器件（参见第 48 ~ 55 页）已经在很大程度上取代了真空管。然而，在某些特定场合，真空管仍然发挥着不可替代的重要作用。其中一个很重要的用途就是利用真空管生成 X 射线（参见第 46 ~ 47 页），另一个重要用途则是作为电视机的显像管和计算机的显示器（CRT 显示器），许多导航员和空中交通管制员使用的雷达采用的便是此类显示器。

健康前景

示波器在科学研究与工业生产的诸多领域中得到了广泛使用。如今的医生使用心电图机（监控心脏活动）和脑电图机（监控大脑活动）等各种仪器来监控病人的各项生理指标。

尽管如此，真空管如今已经被各种固态器件所取代，计算机、收音机、电视和手

机的屏幕也已经被液晶显示器（LCD）所取代。然而，非常强大的电流放大器使用的仍然是真空管而非固态器件。一些摇滚音乐家认为，传统的真空管放大器比基于晶体管的放大器发出的声音更纯正、更好听。此外，一些核心的军用设备也使用真空管，因为真空管不会像晶体管等固态器件那样被电磁辐射（如电磁武器）轻易摧毁。

大功率无线电发射机使用大型真空管来产生无线电载波——由广播的无线电信号转换的连续传输的电磁波。这些真空管可以产生各种不同波长的波，其他真空装置则负责产生用于无线电通信和雷达的微波，其中最重要的一种装置就是速调管，一般由金属制成。速调管的用途很广泛，家用微波炉和连续波束雷达系统上都可以找到速调管的踪

科学词汇

放大器：一种增大信号电压或电流（通常是交流电）的装置。

阴极射线：真空管中受热的阴极所产生的电子束流。在数字式平板电视技术出现之前，几乎所有的电视机都使用了阴极射线管。

速调管：一种用来产生大功率微波的真空管。

李·德福雷斯特

　　美国发明家李·德福雷斯特（Lee de Forest，1873—1961）于1906年发明了三极管，此后电子学领域发生了革命性的巨变。三极管使得人们得以通过无线电波广播来远距离传输声音。仅过了4年，德福雷斯特就首次利用无线电波广播了一部歌剧。当他的三极管逐渐发展成电子学中不可或缺的重要部件时，德福雷斯特仍然没有停下创新的脚步。他的一生留下了许许多多的发明，包括在电影和电视上录音的方法等。德福雷斯特于1961年在美国好莱坞去世。

影，速调管也可被用作微波放大器。磁控管是一种与速调管类似的真空管，适用于大功率脉冲雷达系统。

机场雷达使得空中交通管制员能够实时监测和指挥飞机的飞行。雷达所发出的大功率、高频率雷达波是由一种叫作"速调管"的真空管产生的，速调管也可用于超高频电视信号传输。

二极管的应用

　　二极管的主要用途是把交流电转换成直流电，二极管只允许电流朝一个方向通过。当交流电压（左图红色波形）加载到二极管上时，就产生了单向电压（右图蓝色波形）。

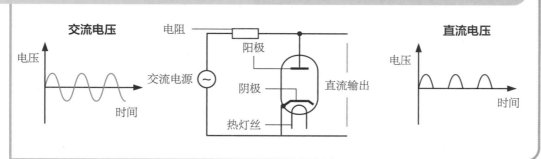

X射线与其他射线

借助X射线，医生可以看到病人体内的各种疾病和损伤，工程师可以发现工业零部件的内在缺陷，海关官员可以发现隐藏在行李中的走私货物和武器。

1897年，德国物理学家威廉·伦琴（Wilhelm Roentgen，1845—1923）注意到，当克鲁克斯管中产生阴极射线时，一处涂有钡化合物的屏幕开始发光了，即使将克鲁克斯管放在一个密封纸板箱里，也会发生同样的现象。伦琴的实验表明，克鲁克斯管发出了一种强穿透力、短波长的电磁辐射，伦琴将其命名为"X射线"（X代表"未知的"）。后来的研究发现，X射线可以使一些通常不可见的东西（如人体内的骨头）成像。

X射线是一种电磁辐射，不过它的波长不同于可见光，能量也比可见光的能量高很多。电子从原子的一个能级跃迁到内层的另一个能量较低的能级时，就会发出X射线。用电子束轰击物体并将其原子内部最内层轨道上能量较低的电子撞击出其原轨道时，就

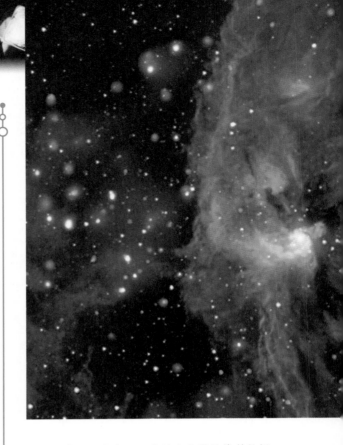

这是钱德拉X射线天文台的太空望远镜所拍摄到的银河系的一部分。图中许多X射线光源（蓝点）是正在形成的恒星，因为X射线不能穿透地球的大气层，所以在地面上它是不可见的。

会发生这种情况，最内层轨道上的电子被撞击出去之后，在最内侧轨道上留下了若干个空位，其他更高能级轨道上的电子便跃迁至

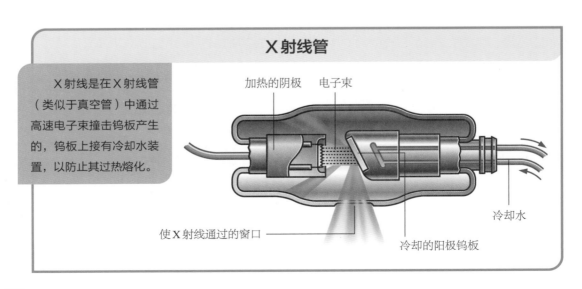

X射线管

X射线是在X射线管（类似于真空管）中通过高速电子束撞击钨板产生的，钨板上接有冷却水装置，以防止其过热熔化。

加热的阴极　　电子束

使X射线通过的窗口

冷却的阳极钨板

冷却水

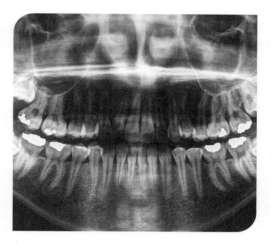

在牙科 X 光片上，充填物显示为明亮的白色区域。
X 光片可以帮助牙医发现隐藏的感染区。

宇宙射线

　　X 射线和伽马射线对天文学家来说非常重要，它们通常由宇宙空间中的高能量辐射源射出，如极热的恒星和一些星系的中心区域。通过研究这些射线，天文学家可以得到关于这些天体更多的重要信息。由于伽马射线和 X 射线会被地球大气层吸收，因此天文学家向太空的观测轨道发射了各种不同类型的特殊探测器，其中一些探测器能将高能辐射转换成可见光。

这些较低能级轨道上的空位上，释放一部分多余的能量，并以 X 射线的形式将能量向外辐射出来。

伽马射线

　　除了能量极高的 X 射线，还有一种比 X 射线能量更高的射线，那就是在放射性过程中释放出来的伽马射线（γ 射线）。伽马射线一般来自原子核，其产生过程与电子毫无关系。然而，产生伽马射线的另一个重要途径正是电子与它的反粒子——正电子的湮灭。

　　正电子的质量与电子相同，但其他方面与电子相反。正电子的正电荷和电子的负电荷的电荷量相等且具有相反的磁性。一般来说，正电子相当罕见，在核反应过程中产生一个正电子时，它很快便会与另一个电子碰撞，正电子与电子完全消失（湮灭），其能量转换成两个伽马射线光子辐射出去。

科学词汇

伽马射线：高频率、短波长的高能电磁辐射。X 射线是由原子核外的电子发射的，而伽马射线是由原子核本身发射的。

X 射线：穿透性极强的短波高能电磁辐射。

半导体材料

便携式笔记本电脑、收音机、电视机和其他电子产品都属于固态器件。不同于真空管，固态器件是指基于电子和其他带电粒子在固态晶体材料（半导体材料）中的运动而工作的电子器件。半导体对带电粒子的特殊导电性质源于其材料中原子内电子的运动。

从导电的层面，材料可以分为三大类：导体、绝缘体和半导体。半导体的出现奠定了摆脱真空管的电子学革命的基础。

倘若在金属这样的导体中施加更大的电压，就会产生更多的电流，因为金属中总有大量的自由电子可以与其原子分离。而在橡胶或塑料这样的绝缘体中，自由电子非常少，即使施加较大电压，也不会产生很大的电流。

在低温下，如锗（Ge）、硅（Si）和镓（Ga）这样的半导体材料的自由电子非常少，但随着温度的升高，其自由电子会越来越多。温度的升高意味着原子振动得更厉害，这就会将电子从某些原子中"振"出来。用光照射某些半导体材料也能"振"出部分电子。

电子在原子中排列的不同能级被称为

图为一个硅二极管的放大特写。在两端极线之间可以看到一个方形的硅晶体。

"电子壳层"（shell），每个电子壳层只能容纳一定数量的电子。最靠近原子核的壳层可容纳2个电子，下一层是8个，第三层通常可以容纳8个或18个电子，也就是说，第三层中的电子数是8或18时，原子会倾向于稳定，且很难再失去或获得电子。原子通过失去或获得电子来变得更加稳定，这也解释了原子相互结合的方式：要么失去或获得电子，要么共用电子，来使其壳层填满电子。金属这样的良导体很容易失去最外层电子，这些电子在整个金属长度上形成自由"电子海"，并很容易在外界电压的作用下运动起来形成电流。

硅原子中有14个电子，它的最内层和第二层两个电子壳层都已经填满电子，但其最外层只有4个电子。因而，硅原子之间可以共用电子。硅晶体中的每个硅原子周围都有4个相邻的硅原子，硅原子通过与这些相邻的硅原子共用电子来保证每个硅原子的最外层电子壳层上都拥有8个电子。在低温下，这些共用电子被紧紧地束缚在晶格的特定位置上，不能自由移动，而在较高的温度下，某些电子就会偶尔振动错位。如果给硅

科学词汇

导体：能使电流（或热量）流过的材料或物体。参见绝缘体。

绝缘体：电流（或热量）的不良传导材料或物体。

半导体：电阻介于绝缘体和导体之间的材料。

小实验

移动空穴

此实验模拟了一种 p 型半导体。p 型半导体是掺杂了铝（Al）的锗晶半导体（掺杂指在半导体材料中加入一些"外来"的原子以改变其导电特性）。

实验步骤

剪一张 14 厘米见方的纸，用尺子和黑色铅笔在上面画出边长为 1 厘米的正方形网格。再剪下两个稍微大一点的正方形纸板，把它们粘在一起。将画好网格的纸粘在纸板上，用彩色铅笔标出锗原子和铝原子的位置，如右图所示。分别把锗原子和铝原子涂成绿色和紫色，然后用同一种颜色的大头钉来表示每个原子周围的电子。在锗原子周围需要插上 8 个大头钉，代表 8 个电子，在铝原子周围只需要 7 个大头钉，因为铝原子比锗原子少一个电子。这样就在网格中留下了一些缺口（图中黑色箭头所示）——原子结构中的这些缺口就被叫作"空穴"。

当将电源连接到 p 型半导体上时，这些空穴"流过"半导体材料，从带正电荷的格点处流向带负电荷的格点处。现在在左下角的铝原子旁边取下一个锗原子的电子（大头钉），把它插入相邻的铝原子的空穴中，然后把这个大头针取下移到下一个空穴中，以此类推。这就是 p 型半导体材料传导电流的方式。

红色箭头表示电子的运动。

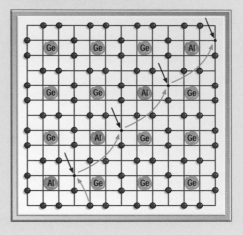

晶体施加电压，这些电子就能自由移动并形成电流，这些能自由移动的电子被称为"载流子"。这种不同温度下形成电流的电学特性意味着硅可以被归类为半导体。

掺杂半导体

掺入少量不同类型的原子可以增加半导体中载流子的数量。砷（As）就是一种常用的掺杂元素。砷原子有 33 个电子，其中 28 个在最靠内的 3 层电子壳层中（分别为 2 个、8 个、18 个），剩下的 5 个位于电子壳层的最外层。少量的砷原子可以被掺入硅原子晶格中，它们与 4 个相邻的硅原子共

用 4 个电子，自己还剩下一个电子，这个多余的电子可以在晶体中移动很长一段距离。失去这个电子的砷原子现在带正电荷，也就是砷离子，而自由移动的电子带负电荷。这种类型的半导体被称为"n 型半导体"（n 是英文单词 negative 的首字母，表示"带负电的"）。

铝（Al）是另一种典型的掺杂元素。每个铝原子有 13 个电子，最靠内的两层电子壳层有 10 个电子，最外层有 3 个。如果铝原子被掺杂到硅原子晶格中，铝就可以与 3 个相邻的硅原子共用电子，但每个原子离填满电子壳层都还差一个电子，这个缺失的

布拉顿、巴丁和肖克利

晶体管促使电子学领域发生了革命性的变化，它的发明人是美国贝尔实验室的3名研究员：沃尔特·布拉顿（Walter Brattain，1902—1987）在一个牧牛场长大，约翰·巴丁（John Bardeen，1908—1991）在加入贝尔实验室之前是一名地球物理学家，威廉·肖克利（William Shockley，1910—1989）则在第二次世界大战期间领导了反潜武器的研究。这3个人首次使用锗晶体发明了一种被称为"点接触式晶体管"的晶体管。后来，肖克利发明了结型晶体管，该晶体管后来成为世界上使用最广泛的晶体管。他们3人共享了1956年的诺贝尔物理学奖。之后，肖克利继续领导自己的晶体管公司，巴丁则成为美国伊利诺伊大学的教授。1972年，巴丁与利昂·库珀（Leon Cooper，1930—）、约翰·施里弗（John Schrieffer，1931—2019）因为提出了超导BCS理论（以他们3人姓的首字母命名）而共享了当年的诺贝尔物理学奖。BCS理论解释了一些材料在非常低的温度下电阻消失而产生超导性的原因。

科学词汇

n型半导体：一种半导体材料，其电流主要由运动的电子构成。

p型半导体：一种半导体材料，其电流主要由运动的空穴构成。

晶体管：一种固态器件，能够将微小的信号电流或电压放大，并转换为一个较大的输出电流或电压。晶体管的两种主要类型为结型晶体管和场效应晶体管。

电子就被称为"空穴"。

空穴附近的一个电子偶尔会跃入这样的空穴中，在它跃出的地方便会留下一个带正电荷的空穴——这一过程的结果就好像是这个空穴朝相反的方向移动了一位。如果在硅晶体上施加电压，电子就会朝一个方向移动，那些在空穴附近的电子会跳进空穴中，而在其原本的位置留下新的空穴，在这个新空穴附近的其他电子又会跳进新空穴中，以此类推。这样，电子朝一个方向流过晶体，而带正电荷的空穴则朝着与电子相反的方向运动。

工程师认为，这种掺杂了铝元素的硅晶体中充满了可自由移动的、带正电荷的空穴，虽然也有一小部分从原子中"振"出来的可自由移动的电子，但主要的载流子仍是空穴。同样地，在n型半导体材料中，虽然电子占主导地位，但仍有少量的空穴存在。电荷主要由空穴携带（载流子主要是空穴）的材料被称为"p型半导体"（p是英文单词positive的首字母，表示"带正电的"）。看上去像是p型半导体中的空穴移动了很长一段距离来传导电流，但实际情况是许多电子依次从一个位置跳到距离很近的一个相邻位置，每个电子的实际运动距离并不远。

组装晶体管

科学家早在19世纪末就知晓了半导体材料的存在。然而，直到20世纪40年代，新泽西州贝尔实验室的3名研究员才真正想通了如何在电子设备中利用半导体（晶体管）替代真空管的功能。世界上第一个晶体管是一个很小的装置，却可以完成一个庞大的三极管才能处理的工作：放大电压。也就

n型半导体与p型半导体

锗原子晶格中掺杂的砷原子本身有一个多余的电子（下图左），多余的电子在晶格中到处游荡，因此掺杂了砷的锗就成为n型半导体。铝原子的最外层缺少一个电子，这就形成了一个四处游荡的"空穴"（下图右），因此掺杂了铝的锗就成为p型半导体。当电场作用于两种不同类型的半导体（a，d）时，电子会向正极移动（b，c），而空穴会向负极移动（e，f）。

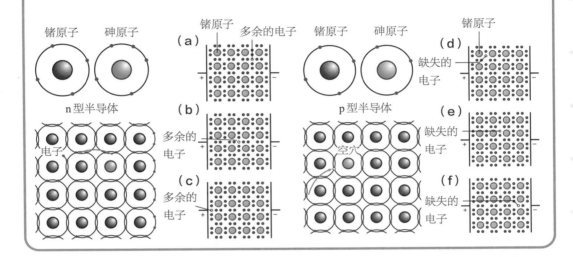

是说，如果向晶体管施加一个微弱变化的信号电压，它会产生一个更大的输出电压，其波形与原始电压的波形一致。

体积小并不是晶体管相比于真空管唯一的优势。晶体管不需要加热，所以比真空管的能耗小得多，同时也更可靠。

晶体管在设计初期就得到了改进，问世后的数年内，各种含有晶体管等半导体器件的商业化产品如雨后春笋般涌现。不仅仅是三极管和其他放大器，真空管型二极管也被晶体管取代了。

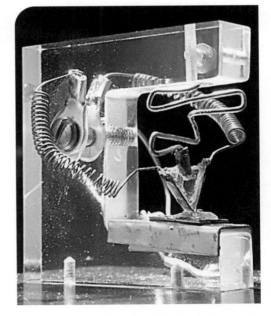

这是1947年贝尔实验室研发的世界上第一个晶体管的复制品。晶体管的发明标志着固态电子时代的开端。

固态存储器件

1947年原型晶体管问世以来，人们相继研发出了各种不同类型的晶体管，每种类型都是为了某个特定目的而设计制造的。这一切都基于一个非常重要的原理：在半导体中，电流可以由两种带电荷的载流子携带输运——分别是带负电荷的电子和带正电荷的空穴。

固态二极管由一块p型半导体与一块n型半导体紧密接触构成。举例来说，有一种二极管就是在p型材料中的一小块特定区域中加入掺杂原子，使这一小块区域变成n型材料。p型和n型材料的交界处就被称为"p-n结"。反过来，另一种可行的方法是在n型材料中的一小块区域中加入掺杂原子，从而使这一小块区域变成p型材料。

正向偏置

将p型材料连接到电池的正极，而将n型材料连接到负极的做法，被称为"正向偏置"。此时，电池负极将电子流推入二极管的n型材料中，n型材料中的电子则被迫朝

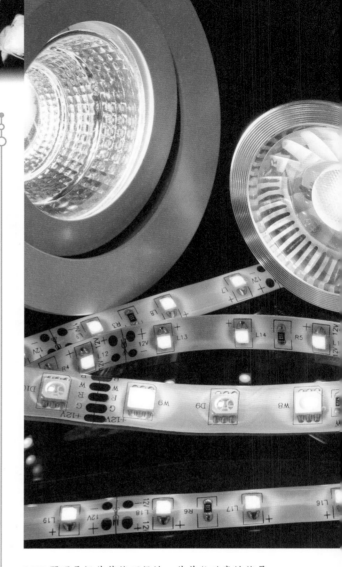

LED照明是极其节能环保的，其单位功率的能量输入产生的光能输出比传统白炽灯大得多。

着p-n结运动。与此同时，电池正极将电子吸引出二极管的p型材料，于是就产生了空穴，这些空穴被来自材料内部更深处的电子所填充——这一过程就好像空穴朝着p-n结运动一样，也意味着电子在每一次跳跃中被拉离了p-n结。

空穴和电子在p-n结处相遇并相互中和，正电荷和负电荷抵消了，所以在p-n结处没有净电荷。因此，当二极管正向偏置时，电流可以自由流动。

科学词汇

二极管： 一种有两个电极的电子装置，该装置只允许电流朝一个方向通过。早期的二极管是真空管，现代的二极管则是使用固态器件的固态二极管。

LED： 发光二极管（light-emitting diode）的英文缩写，它也是一种固态二极管，当电流通过时能发光。

固态电子学： 基于半导体材料而非真空管制造电子器件的科学与技术。

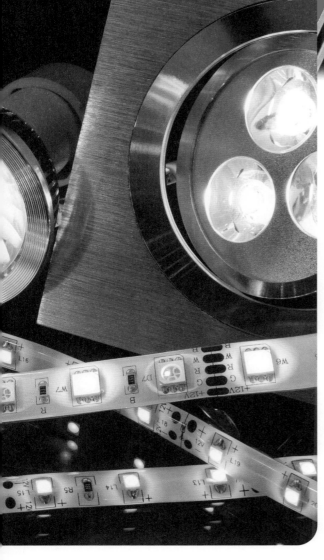

固态二极管和晶体管

结型二极管由一块 p 型材料和一块 n 型材料连接在一起构成，电流只能通过 p-n 结单向流动。结型晶体管中有一块叫作"基极"的材料被夹在两块其他材料中间。场效应晶体管中基极的工作则由栅极来完成，栅极由 p 型或 n 型材料（下图中显示的是 p 型材料）制成，并扩散到另一块与栅极掺杂类型相反的更大的材料中。

半导体材料

大部分是空穴，仅有少数孤电子

p 型

电子

n 型

大部分是电子，仅有少数孤空穴

空穴

结型二极管

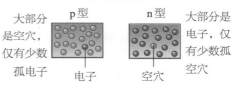

正向偏置

反向偏置

大电流过

几乎无电流流过

结型晶体管

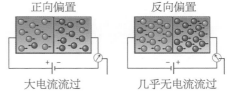

pnp 型晶体管

npn 型晶体管

发射极 基极 集电极

发射极 基极 集电极

场效应晶体管

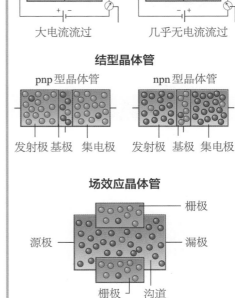

栅极

源极

漏极

栅极 沟道

反向偏置

如果将半导体与电池的连接反向，即将 n 型材料连接到电池的正极，而将 p 型材料连接到负极（称为"反向偏置"），那么电池就会吸引载流子远离 p-n 结。在 n 型材料中，当电子被拉离 p-n 结时，空穴不再能被其他电子填补，而 p-n 结另一侧的 p 型材料也不能提供可替代的电子。带负电荷的电子被拉离 p-n 结时，就会留下一些带正电荷的区域，而带正电荷的区域显然会吸引电子，最终使电子不能被拉得更远。

在 p 型材料中，空穴也同样被拉离了一段距离，随后就停止了。因此，电流无法通过反向偏置的二极管。二极管只能允许电流单向流动，这一电学特性使得二极管成为收音机和许多其他设备中整流器的理想器件。

结型晶体管

结型晶体管由 3 种不同类型的半导体组合而成：要么是两块 n 型材料夹着一块 p 型材料（被称为"npn 型晶体管"），要么是两块 p 型材料夹着一块 n 型材料（被称为"pnp 型晶体管"），或者是晶体管由一整块半导体材料制成，其中含有不同的 p 型和 n 型区域，中间部分为基极，两端的部分为发射极和集电极。

结型晶体管就像两个背对背的半导体二极管。以 npn 型晶体管为例：如果对 p 型基极施加一个小的正向电压，则发射极—基

极结是正向偏置的，空穴会从 p 型基极流向发射极，电子则会从 n 型发射极流向基极。

如果向集电极施加一个较大的正向电压，许多进入基极的电子就将到达基极和集电极之间的结合区域，使用较薄的基极有利于电子顺利到达结合区域。电子在吸引作用

固态二极管

固态二极管只允许电流单向流动。二极管电路符号中的箭头表示的是正电荷的运动方向。发光二极管（LED）也是一种二极管，电流通过时会发光。

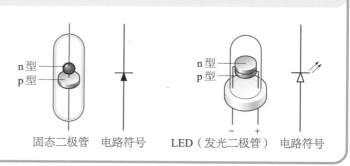

固态二极管 　电路符号 　LED（发光二极管）　电路符号

晶体管

在结型晶体管（右侧左图和中间图）中，基极电压的变化控制着电子从发射极到集电极的流动。在场效应晶体管（右侧右图）中，栅极电压控制着电子从源极到漏极的流动。

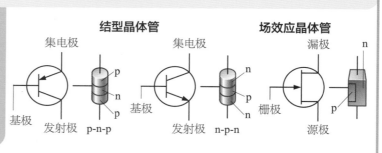

结型晶体管　　　　　场效应晶体管

下穿过结合区域并进入集电极，然后流入外部电路。

综上，由流出基极的电子构成的较小的基极电流会变成一个较大的集电极电流流出集电极，这就是晶体管放大电流的原理。

场效应晶体管

场效应晶体管的英文简称为 FET，它是由一块叫作"沟道"的 n 型材料和沟道两边被称为"栅极"的 p 型区域构成的。当给沟道的右端施加一个正电压时，电子会从沟道左端（源极）流入场效应晶体管，并从沟道右端（漏极）流出。

如果在栅极上施加一个负电压，那么栅极—沟道结是反向偏置的，因此没有电子能够流入栅极。负电压也对沟道产生了不可忽视的影响，即阻碍了电子从源极向漏极的流动。如果栅极的负电压继续增大，则沟道中的电流将会进一步减小。

综上，我们可以看出，在场效应晶体管中，栅极电压的微小变化会导致流经场效应晶体管的电流发生很大变化。基于这个原理，场效应晶体管可以用来放大信号。

小实验

无线电信号

晶体管收音机的一个核心部件就是检波器，检波器通常是一个固态器件，可以检测接收到的无线电信号。在本实验中，你将使用收音机的检波器来检测产生的无线电信号。

实验步骤

剥去一根约 1 米长的导线的绝缘外层，打开收音机并调到中波电台。然后轻轻移动调谐盘至一个只有嘶嘶声或嗡嗡声的地方，此时收音机收不到电台的无线电广播信号。把剥去绝缘外层的导线绕成一个松散的圈，轻放在收音机上，然后把导线的一端按在电池的一极上，并把导线的另一端与电池的另一极轻轻刮擦。你听到了什么？

你会听到收音机里传来噼里啪啦的声音。这是因为，在用导线刮擦电池的一极时，会产生轻微的电火花，电火花会导致导线中的电流发生变化，从而产生微弱的无线电信号。这些微弱的无线电信号被收音机内部的天线接收，传入检波器电路中并被检波器检测出来，于是收音机发出了噼啪声。

用导线刮擦电池的一极时产生的电火花会发出微弱的无线电信号。

芯片制造

"微芯片"实际上就是半导体芯片，由极其细小复杂的集成电路（IC）构成。通常一批次可以制造出数百份芯片，因此芯片的数量充足且价格低廉，它们为我们日常使用的智能设备提供了必要的计算能力。

电子设备的小型化始于印刷电路板，即人们所熟知的PCB的发展。印刷电路板是由一个铜箔层压在一个绝缘塑料基层上制成的，铜箔层中多余的部分随后会用酸腐蚀掉，而剩下的就是一个铜层导电网络，这一网络连接随后安装的各种电子元件，就形成了完整的电路。几乎所有的电子设备中都至少有一个PCB，其上面焊接了大量的电子元件（焊接就是"电气粘贴"的意思）。PCB结构紧凑，操作方便，易于大批量生产，且具有很高的精度，因此成本低廉。

上图为焊接电子元件前的一块印刷电路板。世界上第一块PCB于1936年问世，但直到1943年PCB技术才得到大规模使用，当时的美国陆军用PCB技术批量生产野外无线电对讲机。

集成电路

印刷电路之所以得名，是因为其制造过程的核心步骤是将电路设计印刷到电路基板上。当其他区域多余的铜被腐蚀掉之后，事先设计的电路连接图案就会被完好地保留下来（见下页）。制造集成电路也采用了相同的原理，集成电路是由一整块半导体材料（晶圆）上的各种电子元件组成的。

制造芯片

芯片是由一根纯度极高的晶体半导体圆柱制成的。使用最常用的半导体材料——硅制作的话，其纯度要求是每10亿个硅原子中所含的非必要杂质原子必须少于1个。但是，芯片中也需要一定量的掺杂原子，如硼（B）或铟（In），才能使硅变成p型材

科学词汇

电路：由电子元件组成的可以执行某些功能的电路网络。

微芯片：制造集成电路的半导体材料，一块晶圆（Wafer）可以被切割制成数百个完全相同的微芯片集。

印刷电路：由焊接在基板或柔性塑料上的电子元件及印在板上的、连接电子元件的金属线组成的电子电路。

晶圆：半导体晶体圆片的简称，是从半导体材料圆柱上切下的薄片，也被称为"晶片"或"圆片"。

印刷电路制造

1. 在绝缘金属基板（下图中显示为棕色）上涂上一层铜，然后再涂上一层光刻胶（光刻胶是一种光敏材料，下图中显示为蓝色）。2. 在一片不透明的掩模版上设计出透明的电路图样，并放在光刻胶层的上面，然后用紫外光照射（下图中显示为绿色），暴露在紫外光下的光刻胶"硬化"了。3. 取下掩模版，并用酸腐蚀掉未暴露部分的光刻胶和其下的铜层，电路部分则由于硬化光刻胶的保护而保持结构完整。
4. 去除硬化光刻胶层，最后留下铜基电路。

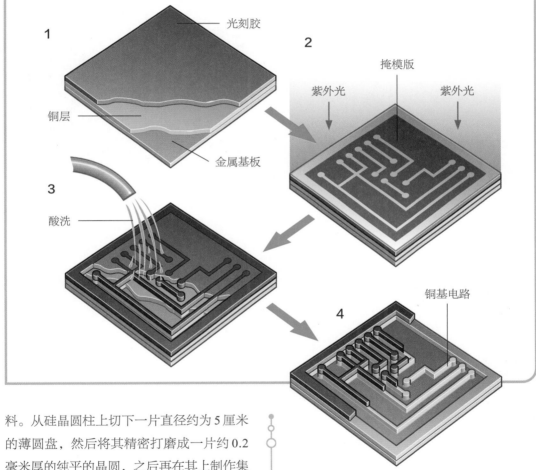

1　光刻胶　铜层　金属基板
2　掩模版　紫外光　紫外光
3　酸洗
4　铜基电路

料。从硅晶圆柱上切下一片直径约为5厘米的薄圆盘，然后将其精密打磨成一片约0.2毫米厚的纯平的晶圆，之后再在其上制作集成电路，这样一片硅晶圆可以制造出几百份芯片来。

用p型材料可以制成芯片的底层基板，即绝缘的支撑层。然后在基板的上面制作n型区域，每一个n型区域都是晶体管或二极管等电子元件的节点。

随后在基板表面焊接电子元件时，将负电压连到p型材料上，即意味着p型材料相对于n型材料是反向偏置的，电流无法从电子元件流到基板上，从而保证了电子元件与基板之间良好的电气绝缘性。

二氧化硅涂层

晶圆被放入氧化炉中，氧原子与晶圆上层的硅结合，形成约半微米厚的二氧化硅层。二氧化硅层上面被涂上一层光刻胶，然后在其上放置一层叫作"掩模版"的薄膜。掩模版的大部分区域是透明的，只有有设计电路的区域会呈现为不透明的纵横交错的线。紫外光照射到掩模版上时，会顺利透过掩模版上透明的区域，从而使掩模版下方的光刻胶发生物理化学变化而"变硬"。接着，去除掩模版，用酸腐蚀掉未暴露在紫外光下的光刻胶，酸同时也会直接去除未曝光光刻胶层下面的二氧化硅层（和设计电路一样的图形），最终形成由裸露的 p 型硅表面构成的、和设计电路图样一致的图形。

组件制造

现在需要将晶圆放入烤箱中，烤箱中充满某种元素（如磷）的蒸气。磷原子扩散到裸露的 p 型区域，在其上方形成一个 n 型材料的网络。要连接电子元件，就需要使更多的原子扩散到这个 n 型材料网络的特定部分。为了达到这一目的，需要在晶圆上再形成一层二氧化硅层和光刻胶层，然后把一个设计有不同图案的新的掩模版放在光刻胶层上，曝光形成另一个网络，类似地，这之后需要移除未曝光的光刻胶与其下的二氧化硅层，使得先前做出的 n 型区域表面的相关区域裸露出来。这一次需要使硼（B）原子或铟（In）原子等扩散到裸露表面，形成 p 型区域；或者如果裸露的 n 型区域需要更高的电子掺杂浓度，也可以继续扩散磷（P）原子。最后，把各种电子元件用铝连接到芯

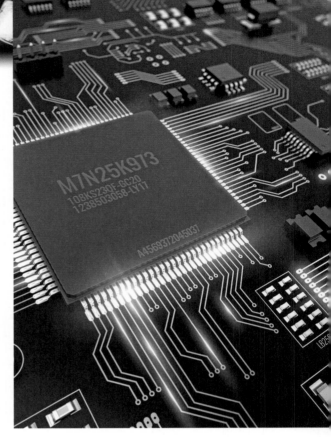

上图为封装有处理器和芯片的电子印刷电路板。如今，我们日常生活中使用的各种电子设备（包括洗衣机、微波炉、智能手机和计算机等）中，都有先进的集成电路。

片上不同的 n 型和 p 型区域表面，也有一些芯片直接在其半导体层内和层间使用电气连接。

用这种方式制作的芯片可以在仅几平方毫米的表面包含数十亿个独立的晶体管、二极管、电容器和电阻器。一片晶圆上可以容纳数百个这样的芯片，每个芯片都经过单独的电子测试，残次品会被标记出来。然后，晶圆会被切割分解，残次品会被丢弃。

功能完好的芯片需要在不同节点连上导线，然后被封装在保护壳中，保护壳可以是圆柱形的，但更常见的是长方体形状的。大多数电器中的芯片是被封装在印刷电路板上的。

芯片制造流程

一片半导体晶圆可以制造出几百份相同的多层芯片。下面的流程图展示了芯片部分区域的生产流程，而芯片制造的开端要从一块p型硅开始。

1
将p型硅放入氧化炉中烘烤至1000℃，硅表面形成一层薄薄的二氧化硅保护层。

2
在二氧化硅保护层上涂上光刻胶层，并在其上覆盖电路设计的掩模版，用紫外光照射该掩膜版，使其曝光。

3
去除掩模版，将晶圆用显影剂处理，显影剂可以去除未暴露在紫外光下的光刻胶区域，即代表电路连接的区域。

4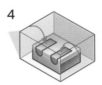
用氢氟酸（HF）除去无光刻胶区域的裸露二氧化硅，然后将其余区域的光刻胶除去。再将晶圆置于烤箱中的磷蒸气中，磷原子扩散到硅中，在二氧化硅被腐蚀掉的区域形成n型区域。

5
将晶圆再次送回氧化炉中，在其上添加另一层二氧化硅保护层，为下一步的腐蚀处理做准备。

6
在晶圆的二氧化硅保护层上再涂上一层光刻胶，然后进行进一步的掩模版曝光和腐蚀处理。

7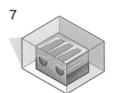
将晶圆再次送回氧化炉中，添加另一层二氧化硅保护层。

8
下一阶段的掩模版曝光和腐蚀处理使之前已经做好的沟道深度更深、间距更窄。

9
将晶圆转移到真空室中，并暴露在铝蒸气中，使晶圆上沉积一层铝。

10
晶圆最后再次经过一系列的掩模版曝光与腐蚀处理，用于构建出整个电路的电气连接。

电子存储器

计算机必须时刻存储大量的数据而不丢失，存储这些数据的物理设备构成了计算机的存储器。存储器的种类有很多，计算机中存储器能够容纳的信息量用比特和字节来表示。

计算机利用二进制代码工作，即计算机中所有的数字都用一串 0 和 1 来表示，而不是通常使用的十进制的 0 到 9 这 10 个数字。在计算机中，单个二进制数字 0 或 1 表示 1 比特（称为"位"），一个 8 比特的字符串被称为一个字节，1 字节可以表示 256 个不同的数字（0 到 255）。计算机可以在特定环境下将单个字节视为数字，也可以将其视为语言字符。计算机存储器的容量大小通常用字节（byte）、千字节（KB）、兆字节（MB）和太字节（TB）来表示。

科学词汇

比特（bit）：也称"位"，表示两种可能性中的一种的信息单位。在二进制系统中，所有数字都用数字 0 和 1 来表示，每个 0 或 1 代表 1 比特（1 位）。

字节：作为一个单位来处理的一串二进制数位，通常取 8 个比特为 1 个字节。

吉字节（GB）：1000 兆字节，或 2^{30} 个字节。

RAM：随机存取存储器的英文缩写，是计算机中存储信息并能对任意区块的信息以同等快速的访问速度进行检索获取的存储器。

ROM：只读存储器的英文缩写，是计算机中存储那些内容不会因操作而改变的信息的存储器。

计算机的短期存储器一般用来存储计算机即时处理的数据，包括一些计算过程的中间结果。这种类型的数据和信息必须时刻保持随取随用的状态，因此一般存储在 RAM（随机存取存储器，俗称"内存"）中，计算机能以相同的速度快速访问 RAM 中任意区块的信息。RAM 使用的通常是一种特殊的芯片，叫作"内存芯片"（也称"内存条"）。计算机从芯片上读取一段信息的时间为访问时间，这一时间可以短到 5 纳秒（十亿分之一秒）。

RAM 的种类

RAM 主要有两种类型：动态 RAM（或称 DRAM）和静态 RAM（或称 SRAM）。DRAM 必须每秒刷新数千次，也就是说，它必须一刻不停地写入相同的数据，这就降低了计算机读取或写入数据的速度，但好处是 DRAM 的价格很便宜，所以它是 RAM 中应用最广泛的一种。与 DRAM 不同，SRAM 不需要刷新，它比 DRAM 的价格更贵，但数据读取和写入的速度更快。

上图为数据中心的硬盘驱动器磁盘阵列。这种类型的存储模式加上一台服务器就创建了一个存储网络，可以让众多用户通过该网络访问磁盘中存储的文件。

如果计算机电源发生故障，那么 SRAM 和 DRAM 里存储的数据都会丢失。

计算机在工作时，存储在 RAM 中的数据是在不断变化的。计算机还需要一些不经常更改的数据信息，这些数据就存储在 ROM（只读存储器）中。ROM 也是一种随机存取存储器，但其存储的数据是不变的。ROM 中可能存储了计算机首次开机时配备的"引导程序"信息，以及计算机正常运行所需要的其他必要信息。

大容量存储器

计算机运行时产生的数据需要存储在某个地方，硬盘驱动器就为计算机提供了这样一个大容量的存储空间。硬盘驱动器内含

硬盘驱动器（HDD）

计算机需要快速访问的备用数据通常保存在磁盘上。硬盘驱动器内通常有数片堆叠在一起的磁盘，这些磁盘被安装在同一旋转主轴上，可以由读写磁头同时访问，磁盘运行时的转速可以超过 160 千米/时。数据以磁场的形式存储在磁盘的轨道上，每个数据点的物理直径只有 1 微米。读写磁头被安装在磁头臂的末端，可以通过在每个磁盘上左右摆动来寻找不同的磁道，读写磁头在磁盘高速转动时会"飞"出磁盘表面约几纳米到几百纳米，磁头与磁盘之间因高速流动的空气作为缓冲层而始终保持恒定距离，磁头臂负责驱动读写磁头左右摆动。

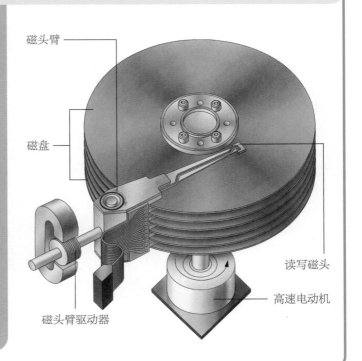

磁头臂

磁盘

读写磁头

高速电动机

磁头臂驱动器

数片磁盘，这些磁盘被安装在同一个旋转主轴上并快速旋转。读写磁头作为一个整体在每片磁盘上左右摆动，并同时读取磁盘的上下表面。磁盘上涂有氧化铁或其他磁性材料构成的磁性涂层，这些磁性涂层由众多微小的、被称为"磁畴"的区域组成，每个磁畴都有自己特定的磁场方向，磁场方向的上下朝向就代表了 0 或 1。读写磁头的磁场可以使磁头下方磁畴的磁场翻转，即使该磁畴代表的 0 或 1 翻转为 1 或 0。读写磁头也可以在这之后重新回到这一磁畴，读取它刚刚记下的数据。读写磁头通过感知每个磁畴记录的磁场方向，可以在大约几毫秒到十几毫秒的时间内从磁盘中迅速检索到所需的相关信息。

磁带能提供比磁盘更大的存储容量。磁带存储信息的原理与磁盘、录音带和录像带的原理几乎相同。要访问磁带上某一段特定的数据，磁带必须一直转动到相应的位置。如果某程序要使用某段数据，首先必须把这段目标数据从磁带上复制到读写速度更快的存储介质（如磁盘）上去。正因如此，磁带一般用作存储安全数据备份，或者记录不需要经常读取的数据，如银行客户的历史交易记录等。

CD-ROM、DVD 和存储卡

CD-ROM（俗称"只读光盘"）是一种工作原理与音乐 CD 基本相同的光盘，它的全称是"紧凑磁盘只读存储器"。CD-ROM 上记录了计算机可以读取的信息，但是，标准 CD-ROM 上的信息是不能被计算机改写的，即"只读不写"。一张 CD-ROM 可以存储 670 MB 数据，以今天的标准来看，这真的太小了，而且它的读写速度比硬盘要慢得多。不过，CD-ROM 的价格十分便宜，还可以安全便携地从驱动器中取出并随身携带。

磁带机

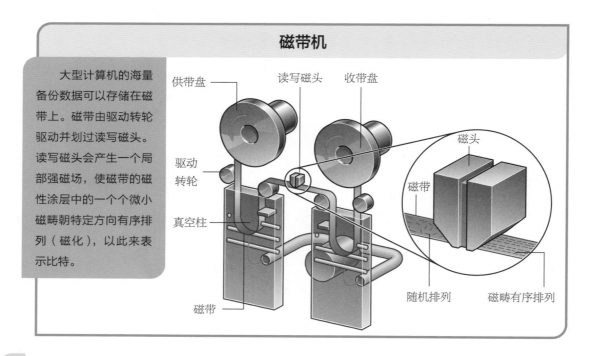

大型计算机的海量备份数据可以存储在磁带上。磁带由驱动转轮驱动并划过读写磁头。读写磁头会产生一个局部强磁场，使磁带的磁性涂层中的一个个微小磁畴朝特定方向有序排列（磁化），以此来表示比特。

供带盘　读写磁头　收带盘

驱动转轮

真空柱

磁带

磁头

磁带

随机排列　磁畴有序排列

光盘驱动器

激光扫描光盘上位于保护层下方金属盘上的凹坑，角度变化的反射光束射入光电探测二极管并变成明暗变化的光信号，光信号转化为电信号，再由计算机转化为声音和图像，或者用作计算机的数据。

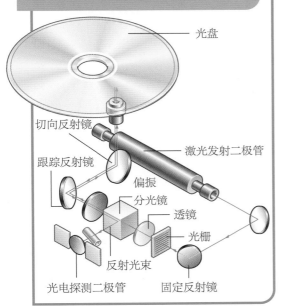

光盘

切向反射镜
跟踪反射镜
激光发射二极管
偏振
分光镜
透镜
光栅
反射光束
光电探测二极管
固定反射镜

DVD（数字多功能磁盘）是一种更大容量的光盘，其存储容量以吉字节（GB）为单位，并且具备更快的读取速度。老式的台式电脑和笔记本电脑都配备可以在特定规格的CD和DVD上写入数据的驱动器。一般来说，DVD的存储容量（4.7 GB）是CD的7倍，有些DVD的存储容量甚至可以超过17 GB。在互联网流媒体服务（网上看片）出现之前，DVD是人们观看电影的首选方式。

存储卡是可以插入计算机USB端口的存储设备，这种数据转移方式是非常实用的，比如，要把相片数据从数码相机导到个人电脑里时，使用存储卡就显得非常方便了。存储卡轻便、便携，可以存储4 MB到512 GB的数据。闪存广泛用于存储卡、相机存储卡和固态硬盘中。即使不通电，它也能完好无损地保存信息。闪存没有活动部件，其存储内容可以刷新重写若干次，它利用基于硅晶圆与金属层之间的电效应来存储数据。由于没有活动部件和读写磁头，其读写速度要比硬盘和DVD快很多倍。

云存储

云存储是一种不将电子邮件、图片、文档等计算机文件存储在本地设备上的系统，这些数据被存储在"云"中——指的并不是天上的云，而是大型数据中心。单个用户的文件将被分开储存在散布于世界各地的众多数据中心里，这些数据中心共同构成了计算机的"存储云"，用户可以通过互联网在世界各地通过多种不同设备访问这些"存储云"中的数据。

科学词汇

光盘（CD）：一种可以记录数据的盘片，其上的数据可以由激光读取。

只读光盘（CD-ROM）：存储计算机数据、程序或文件的光盘。

DVD：一种能储存更多数据且读取速度更快的光盘。

硬盘：一种用来存储大量计算机数据的机械式磁盘。

Books: General

Bloomfield, Louis A. *How Things Work: The Physics of Everyday Life*. Hoboken, NJ: Wiley, 2013.

Bloomfield, Louis A. *How Everything Works: Making Physics Out of the Ordinary*. Hoboken, NJ: Wiley, 2007.

Czerski, Helen. *A Dictionary of Physics*. New York, NY: W.W. Norton, 2018.

De Pree, Christopher. *Physics Made Simple*. New York, NY: Broadway Books, 2005.

Epstein, Lewis Carroll. *Thinking Physics: Understandable Practical Reality*. San Francisco, CA: Insight Press, 2009.

Glencoe McGraw-Hill. *Introduction to Physical Science*. Blacklick, OH: Glencoe/McGraw-Hill, 2007.

Heilbron, John L. *The History of Physics: A Very Short Introduction*. New York, NY: Oxford University Press, 2018.

Holzner, Steve. *Physics Essentials For Dummies*. Hoboken, NJ: For Dummies, 2010.

Lehrman, Robert L. *E-Z Physics*. Hauppauge, NY: Barron's Educational, 2009.

Lloyd, Sarah. *Physics: IGCSE Revision Guide*. New York, NY: Oxford University Press, 2015.

Muller, Richard A. *Physics for Future Presidents*. New York, NY: W.W. Norton, 2008.

Rennie, Richard, and Law, Jonathan. *A Dictionary of Physics*. New York, NY: Oxford University Press, 2019.

Taylor, Charles (ed). *The Kingfisher Science Encyclopedia*, Boston, MA: Kingfisher Books, 2006.

Walker, Jearl. *The Flying Circus of Physics*. Hoboken, NJ: Wiley, 2006.

Zitzewitz, Paul W. *Physics Principles and Problems*. Columbus, OH: McGraw-Hill, 2012.

Books: Electricity and Electronics

Gates, Earl. *Introduction to Electronics*. Clifton Park, NY: Cengage Learning, 2012.

Gibilisco, Stan, and Monk, Simon. *Teach Yourself Electricity and Electronics*. Columbus, OH: McGraw-Hill/TAB Electronics, 2016.

Kybett, Harry, and Boysen, Earl. *All New Electronics Self-Teaching Guide*. Hoboken, NJ: Wiley, 2008.

Parker, Steve, and Buller, Laura. *Electricity*. New York, NY: DK Publishing, 2005.

Shamieh, Cathleen. *Getting Started with Electronics*. Hoboken, NJ: Wiley, 2016.